“十二五”职业教育国家规划教材
经全国职业教育教材审定委员会审定
全国高等职业教育规划教材·精品与示范系列

机械制图习题集

姚民雄　华红芳　等编著
孙燕华　主审

電子工業出版社
Publishing House of Electronics Industry
北京·BEIJING

内容简介

本书为《机械制图》项目式教材（ISBN：978-7-121-07836-1）的配套习题集。该习题集的内容与主教材一一对应且相辅相成，通过项目任务强化基础理论训练，有助于理解和消化机械制图课程的知识点，掌握识读和绘制机械零件图样的技能。项目内容包括挂轮架、简单零件、轴套类零件、盘盖轮类零件、箱壳类零件、叉架类零件、齿轮及传动、螺纹与装配、蜗轮减速器、千斤顶、铣刀头、圆钻模、机用虎钳等。训练目标能力为识读和绘制中等复杂程度的零件图、装配图。

本书采用最新的《机械制图》、《技术制图》等国家标准，选用机械设备中的50多个典型零、部件为实例，实现机械制图课程教学与机械行业技能训练相结合。本习题集的题型丰富，有基本绘图练习、测绘、拼绘、拆绘、识读、填空等形式。本书插图精美，并采用了12幅三维实体造型图，生动、形象、直观，给学习者带来很大的方便。

本书配有与主教材内容对应的素材、动画等文件的光盘，以及本书习题参考答案和读零件图、装配图的答案模式。

图书在版编目（CIP）数据

机械制图习题集/姚民雄，华红芳等编著．—北京：电子工业出版社，2009.2
全国高等职业教育规划教材·精品与示范系列
ISBN 978-7-121-07837-8

Ⅰ.机… Ⅱ.①姚…②华… Ⅲ.机械制图—高等学校:技术学校—习题 Ⅳ.TH126-44

中国版本图书馆CIP数据核字（2008）第181731号

责任编辑：陈健德　特约编辑：王银彪
印　　刷：北京中新伟业印刷有限公司
装　　订：北京中新伟业印刷有限公司
出版发行：电子工业出版社
　　　　　北京市海淀区万寿路173信箱　邮编　100036
开　　本：787×1 092　1/16　印张：10.5　字数：268千字
版　　次：2009年2月第1版
印　　次：2015年6月第10次印刷
定　　价：23.00元（含光盘1张）

凡所购买电子工业出版社图书有缺损问题，请向购买书店调换。若书店售缺，请与本社发行部联系，联系及邮购电话：（010）88254888。
质量投诉请发邮件至zlts@phei.com.cn，盗版侵权举报请发邮件至dbqq@phei.com.cn。
服务热线：（010）88258888。

职业教育　继往开来（序）

自我国经济在21世纪快速发展以来，各行各业都取得了前所未有的进步。随着我国工业生产规模的扩大和经济发展水平的提高，教育行业受到了各方面的重视。尤其对高等职业教育来说，近几年在教育部和财政部实施的国家示范性院校建设政策鼓舞下，高职院校以服务为宗旨、以就业为导向，开展工学结合与校企合作，进行了较大范围的专业建设和课程改革，涌现出一批示范专业和精品课程。高职教育在为区域经济建设服务的前提下，逐步加大校内生产性实训比例，引入企业参与教学过程和质量评价。在这种开放式人才培养模式下，教学以育人为目标，以掌握知识和技能为根本，克服了以学科体系进行教学的缺点和不足，为学生的顶岗实习和顺利就业创造了条件。

中国电子教育学会立足于工业和信息行业，为行业教育事业的改革和发展，为实施“科教兴国”战略做了许多工作。电子工业出版社作为国家职业教育教材出版大社，具有优秀的编辑人才队伍和丰富的职业教育教材出版经验，有义务和能力与广大的高职院校密切合作，参与创新职业教育的新方法，出版反映最新教学改革成果的新教材。中国电子教育学会经常与电子工业出版社开展交流与合作，在职业教育新的教学模式下，将共同为培养符合当今社会需要的、合格的职业技能人才而提供优质服务。

由电子工业出版社组织策划和编辑出版的“全国高职高专院校规划教材·精品与示范系列”，具有以下几个突出特点，特向全国的职业教育院校进行推荐。

(1) 本系列教材的课程研究专家和作者主要来自教育部和各省市评审通过的多所示范院校。他们对教育部倡导的职业教育教学改革精神理解得透彻准确，并且具有多年的职业教育教学经验及工学结合、校企合作经验，能够准确地对职业教育相关专业的知识点和技能点进行横向与纵向设计，能够把握创新型教材的出版方向。

(2) 本系列教材的编写以多所示范院校的课程改革成果为基础，体现重点突出、实用为主、够用为度的原则，采用项目驱动的教学方式。学习任务主要以本行业工作岗位群中的典型实例提炼后进行设置，项目实例较多，应用范围较广，图片数量较大，还引入了一些经验性的公式、表格等，文字叙述浅显易懂。增强了教学过程的互动性与趣味性，对全国许多职业教育院校具有较大的适用性，同时对企业技术人员具有操作参考性。

(3) 根据职业教育的特点，本系列教材在全国独创性地提出“职业导航、教学导航、知识分布网络、知识梳理与总结”及“封面重点知识”等内容，有利于老师选择合适的教材并有重点地开展教学过程，也有利于学生了解该教材相关的职业特点和对教材内容进行高效率的学习与归纳总结。

(4) 根据每门课程的内容特点，为方便教学过程对教材配备相应的电子教学课件、习题答案与操作指导、教学素材资源、程序源代码、教学网站支持等立体化教学资源。

职业教育要不断进行改革，创新型教材建设是一项长期而艰巨的任务。为了使职业教育能够更好地为区域经济和企业服务，殷切希望高职高专院校的各位职教专家和老师提出建议和撰写精品教材（联系邮箱:chenjd@phei.com.cn,电话:010-88254585），共同为我国的职业教育发展尽自己的责任与义务！

中国电子教育学会

前　言

通过项目式教学把传授的知识与行业工程实践相融合，是职业教育改革的方向。我们在多年教学改革实践的基础上，编写了《机械制图》项目式教材（ISBN：978-7-121-07836-1），本书为该教材配套的习题集。习题集的项目内容由两部分组成，第一部分为基础理论训练，第二部分为项目任务。本习题集以项目任务为载体，结合基础理论训练，可以高效率地理解、消化和掌握机械制图课程的知识与技能。

本习题集有以下几个特点：

(1) 编排顺序与配套的《机械制图》项目式教材一一对应，难易程度由浅入深，循序渐进；

(2) 采用最新的《机械制图》、《技术制图》等国家标准；

(3) 选用机械设备中的50多个典型零、部件为实例，实现机械制图课程教学与机械行业技能训练相结合，力求课程能力服务于专业能力，专业能力服务于岗位能力，推动职业教育行业化改造；

(4) 题型丰富，有基本绘图练习、测绘、拼绘、拆绘、识读、填空等形式；

(5) 插图精美，并采用了12幅三维实体造型图，生动、形象、直观，对学习者带来很大的方便。

(6) 配有与主教材内容对应的素材、动画等文件的光盘，以及本书习题参考答案和读零件图、装配图的答案模式。

参加本书编写的有无锡职业技术学院姚民雄、华红芳、马宏亮。姚民雄负责统稿和定稿，全书由我院机械技术学院孙燕华院长负责审核。

在本书的编写过程中得到了我院张小红、陈桂芬等同行专家的大力支持和帮助，在这里表示衷心感谢。

由于编者水平有限，书中难免存在错误和不足，希望同行专家和读者能给予批评指正。

编　者

目 录

项目 1　挂轮架

项目 2　简单零件

项目 3　轴套类零件

项目 4　盘盖轮类零件

项目 5　箱壳类零件

项目 6　叉架类零件

项目 7　齿轮及传动

项目 8　螺纹与装配

项目 9　蜗轮减速器

项目 10　千斤顶

项目 11　铣刀头

项目 12　圆钻模

项目 13　机用虎钳

参考答案

螺 母 铸 铁 钢 材 文 字 图 样 线 型 国 家 标 准 测 量 精 度

零 件 部 分 装 配 形 状 位 置 公 差 代 号 机 械 姓 名 比 例

1 2 3 4 5 6 7 8 9 0　1 2 3 4 5 6 7 8 9 0　R M S A ϕ

轴 承 盘 盖 轮 箱 壳 支 架 拨 叉 套 圈 衬 垫 片 纸 钻 车 铣

镗 正 投 影 齿 距 规 定 画 法 间 化 油 泵 直 径 减 速 器 角

1 2 3 4 5 6 7 8 9 0　1 2 3 4 5 6 7 8 9 0　R M S A Φ

班级：　　姓名：　　学号：

在指定位置画出对应的图线。

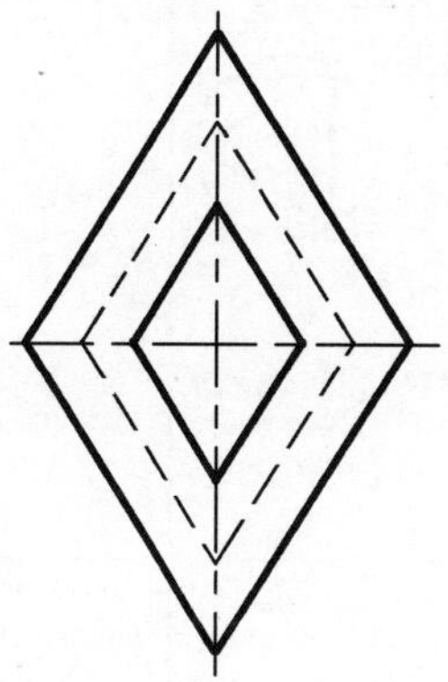

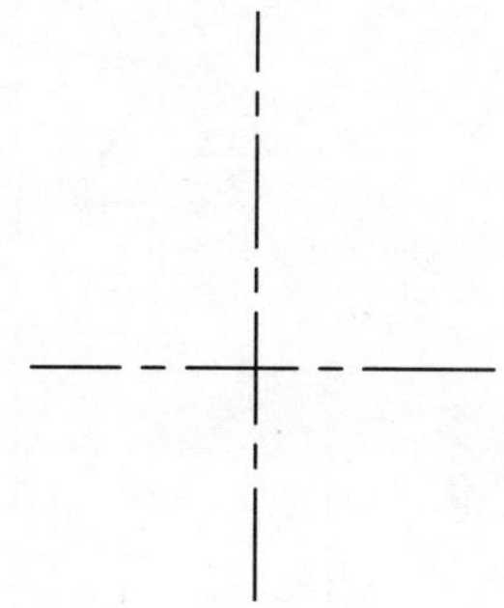

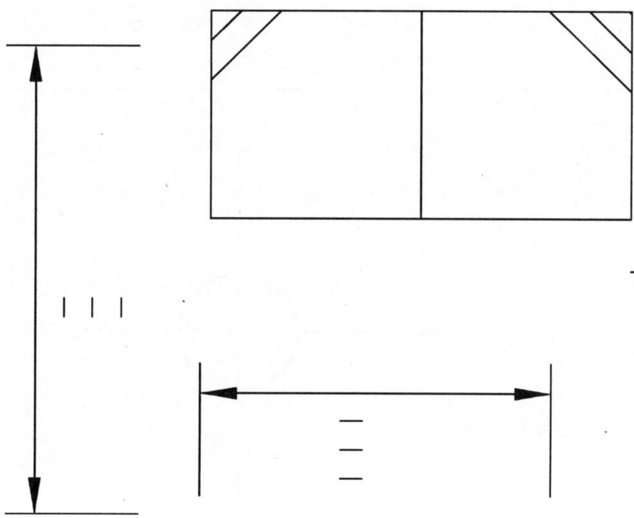

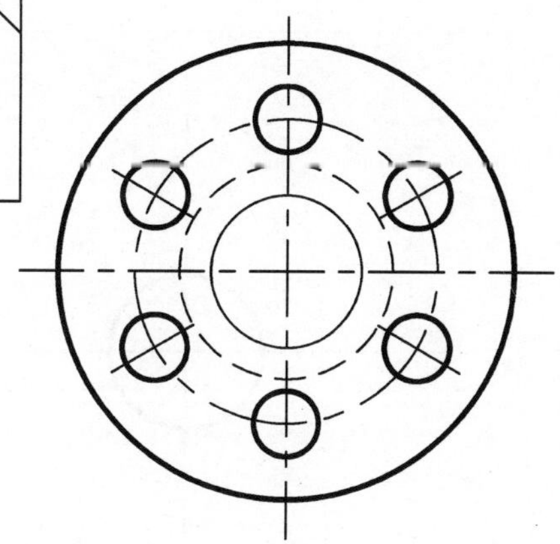

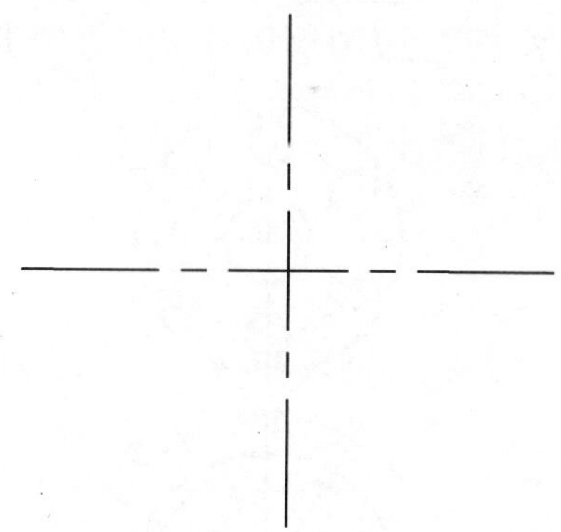

班级：　　　　姓名：　　　　学号：

1. 按右上角的图例绘制图形。

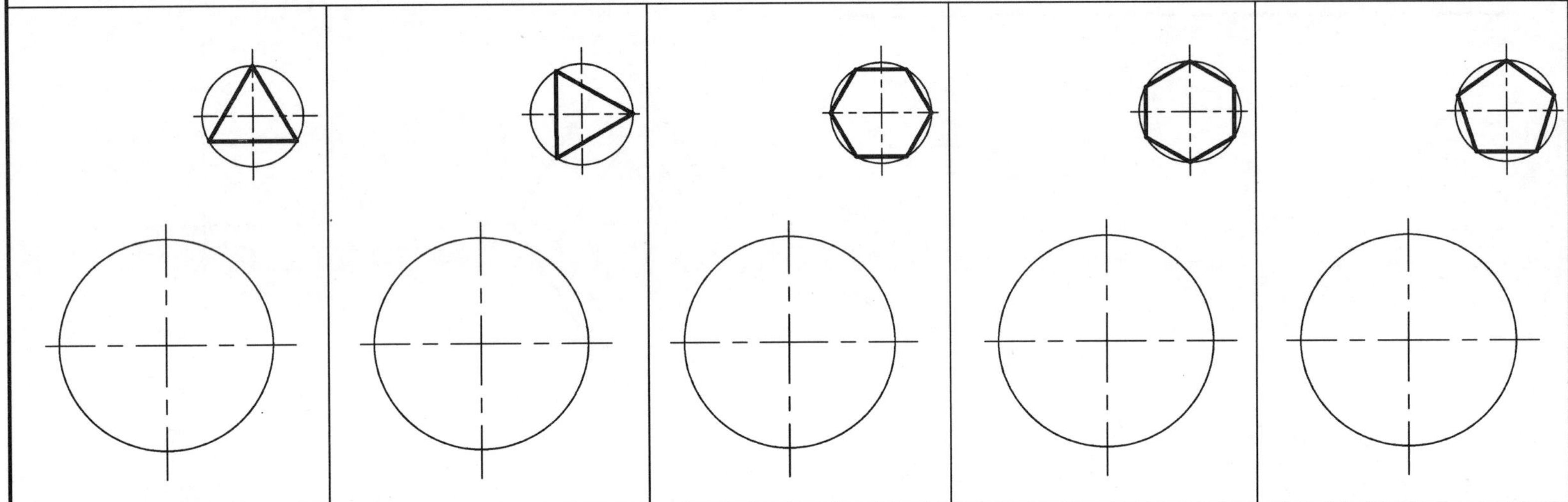

2. 按左边图例以比例2:1绘制新图。

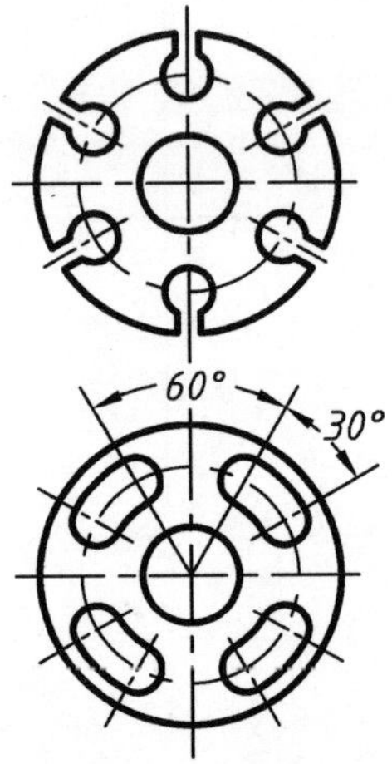

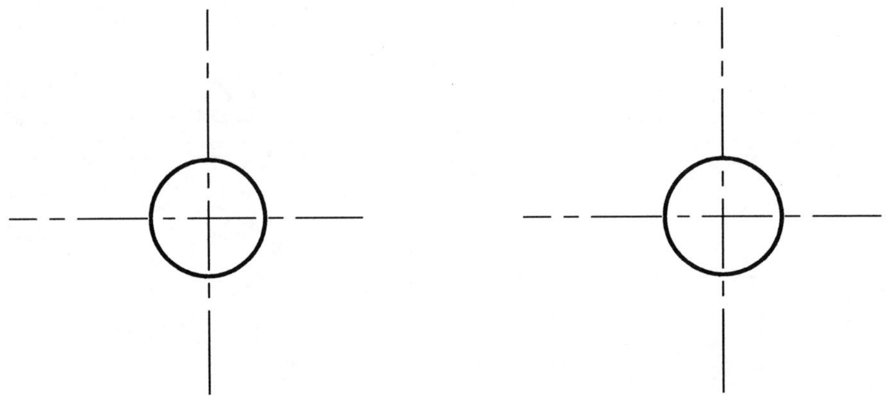

班级：　　姓名：　　学号：

按右上角图例，在指定位置完成图形并标注斜度或锥度。

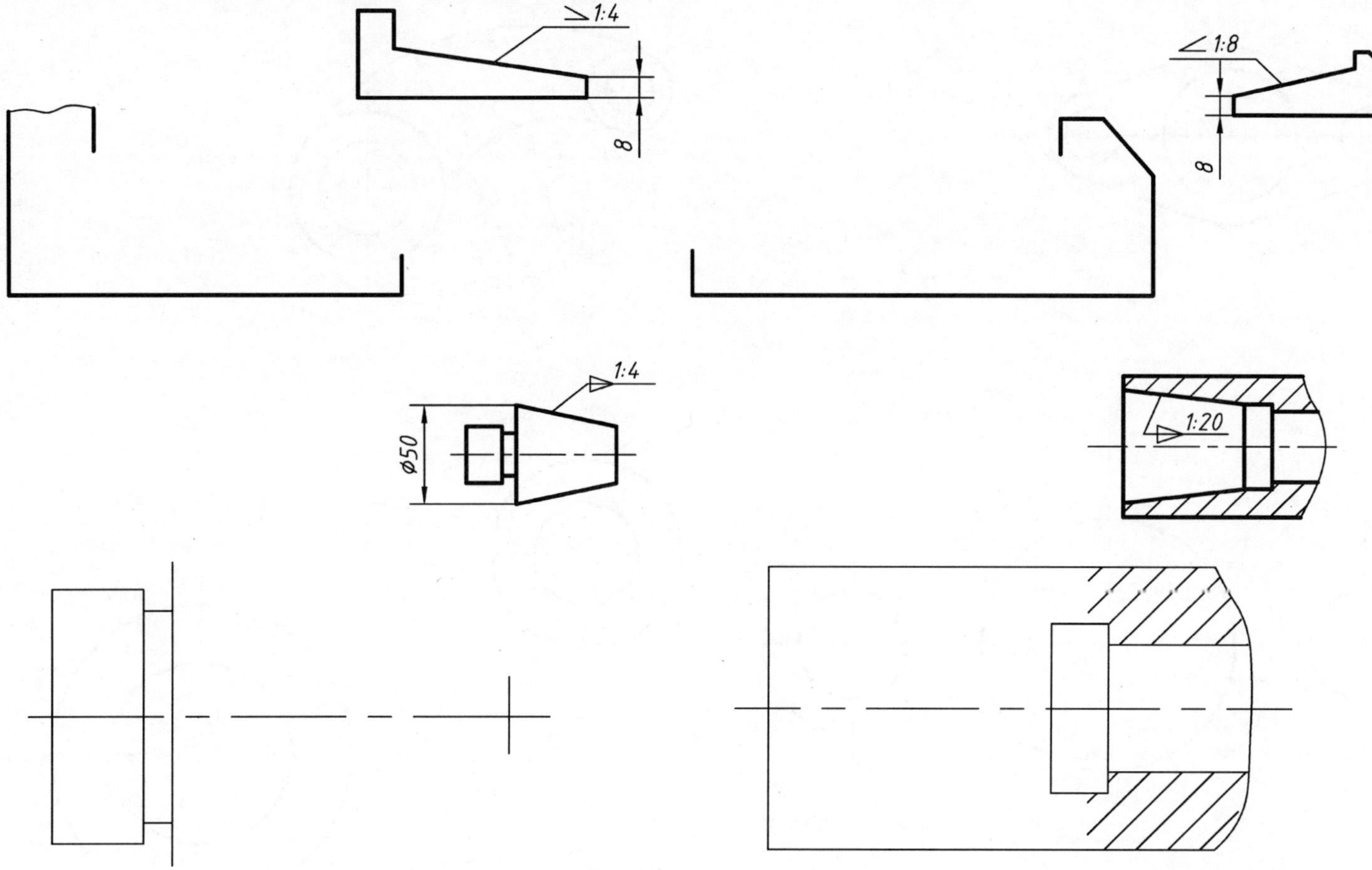

按给定图形，完成线段与圆弧连接（比例1∶1），标出连接弧圆心和切点。

1.

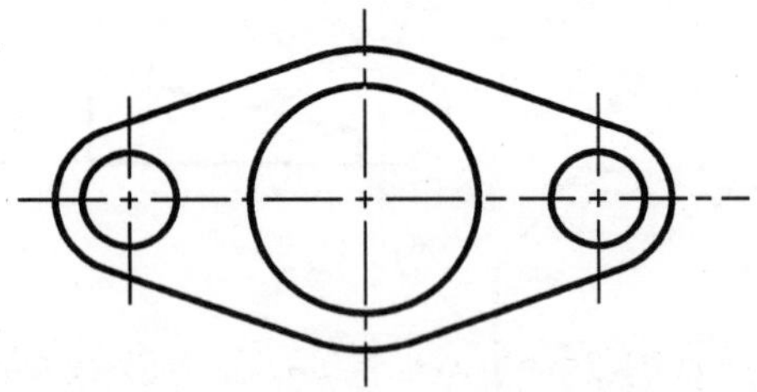

2.

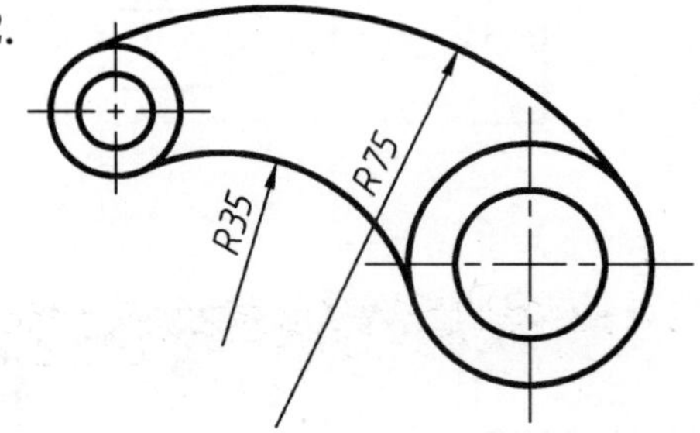

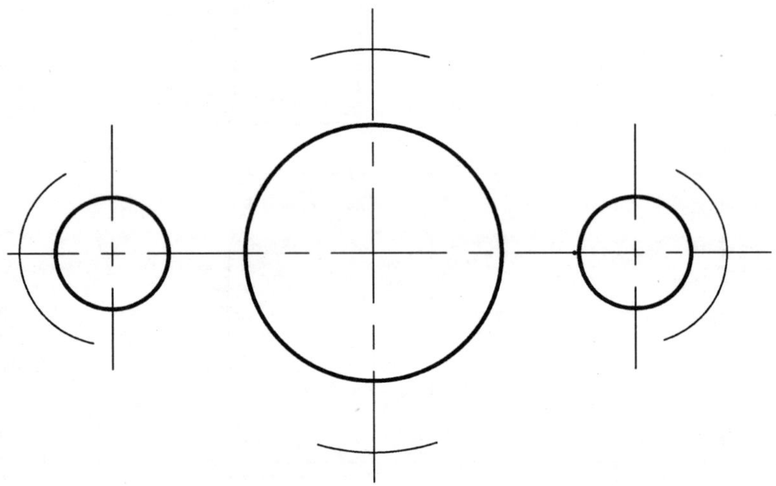

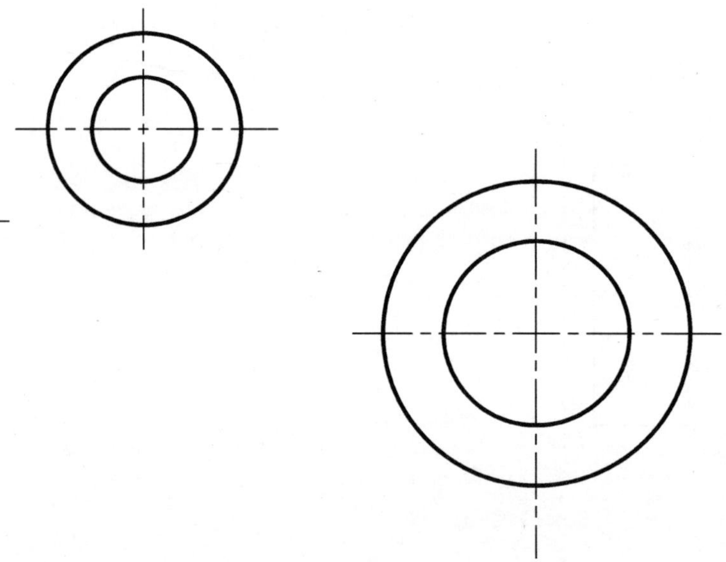

按给定图形，以比例1:1完成线段与圆弧连接(保留作图线)。

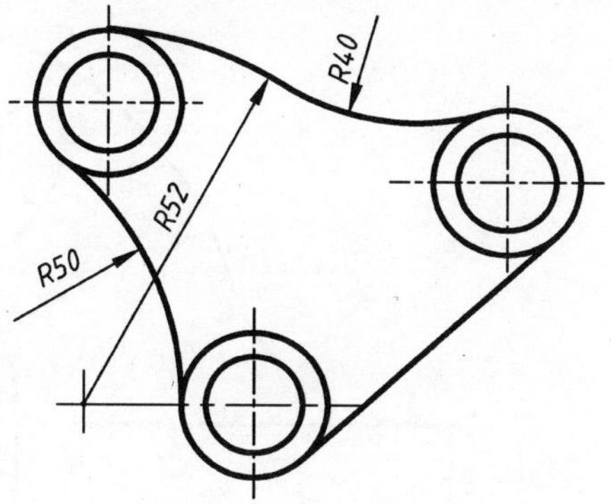

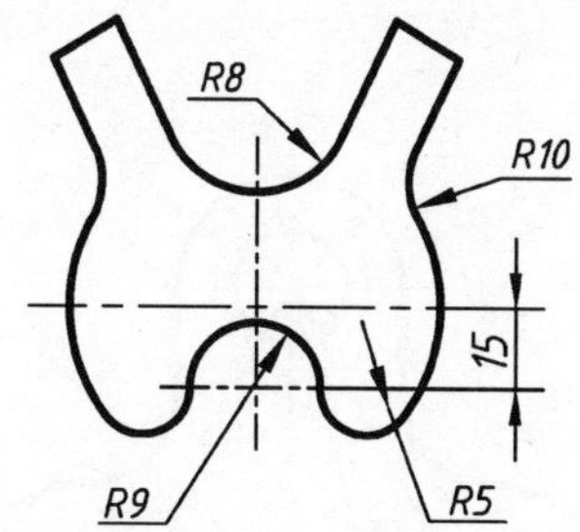

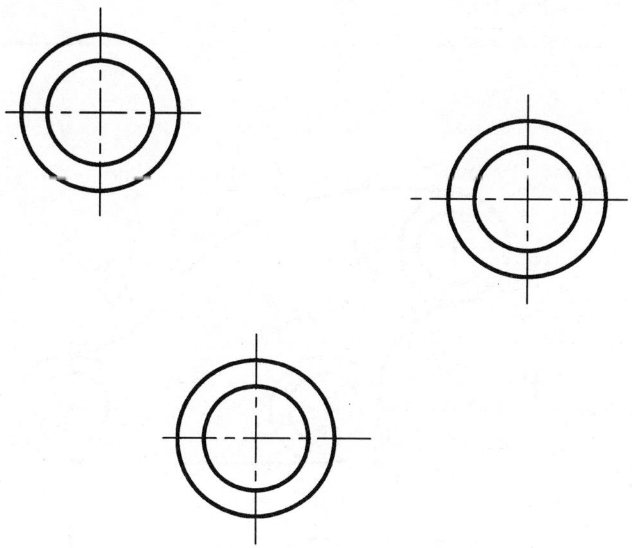

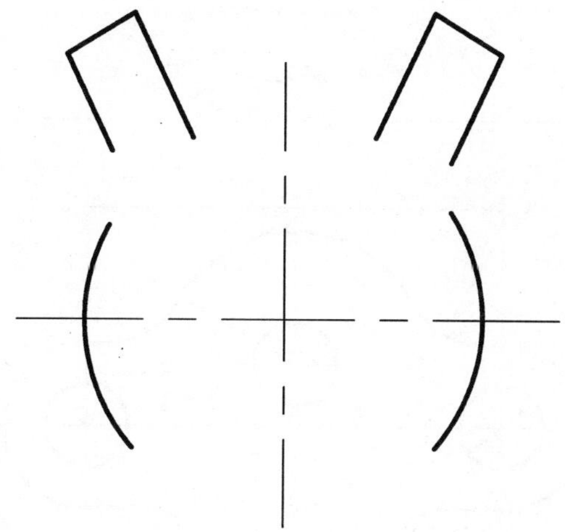

1.

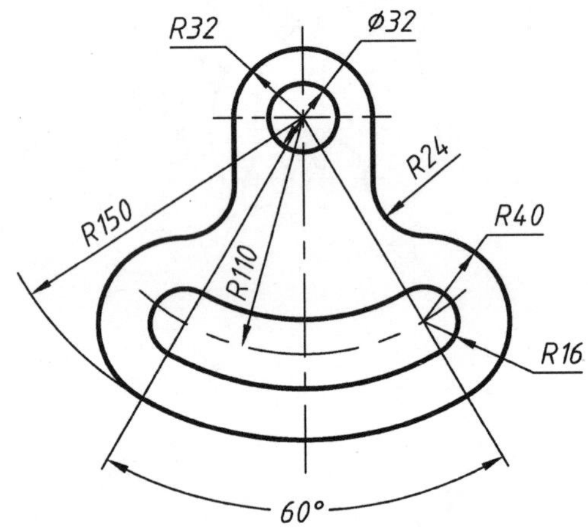
R32
Ø32
R24
R150
R40
R110
R16
60°

2.

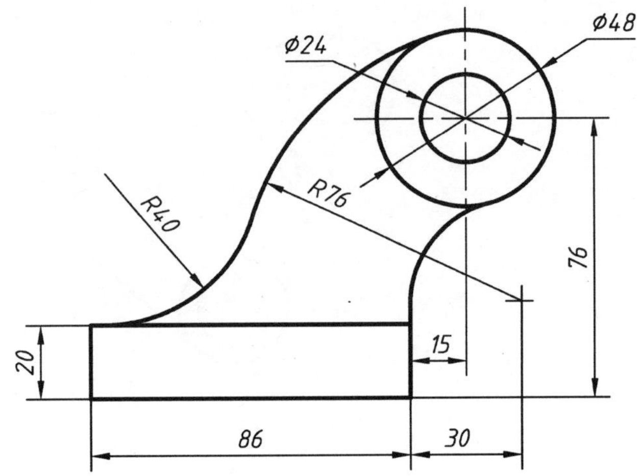
Ø24
Ø48
R40
R76
76
15
20
86
30

3.

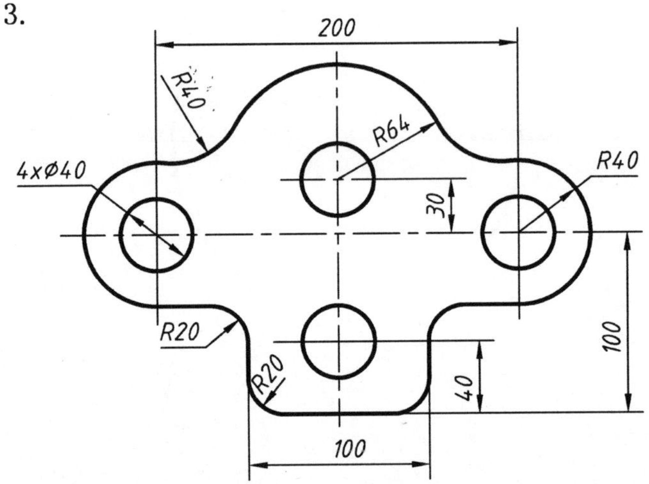
200
R40
R64
4xØ40
R40
30
R20
R20
100
40
100

4.

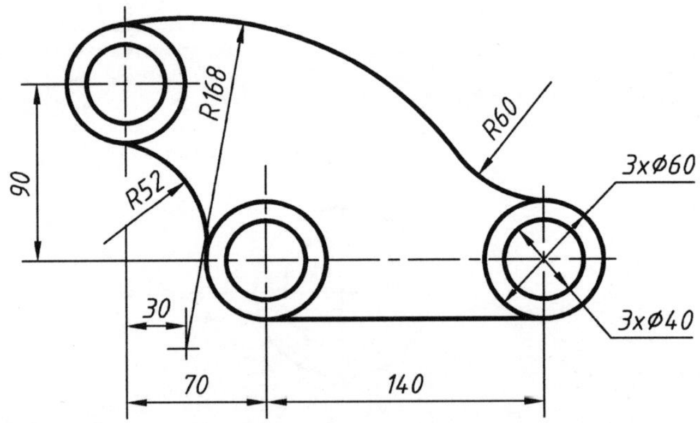
R168
R60
90
R52
3xØ60
3xØ40
30
70
140

班级：　　姓名：　　学号：

1.

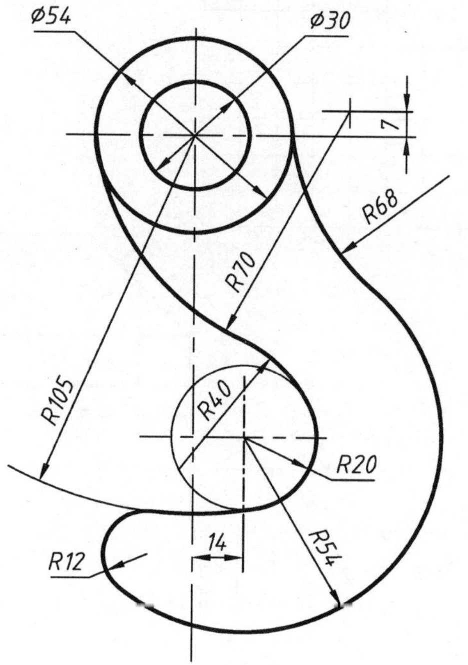

标记	处数	分区	更改文件号	签名	年月日	HT250	（企业名）
设计			标准化			阶段标记 / 重量 / 比例 1:1	吊　钩
审核							
工艺			批准			第　张　共　张	（图号）

2.

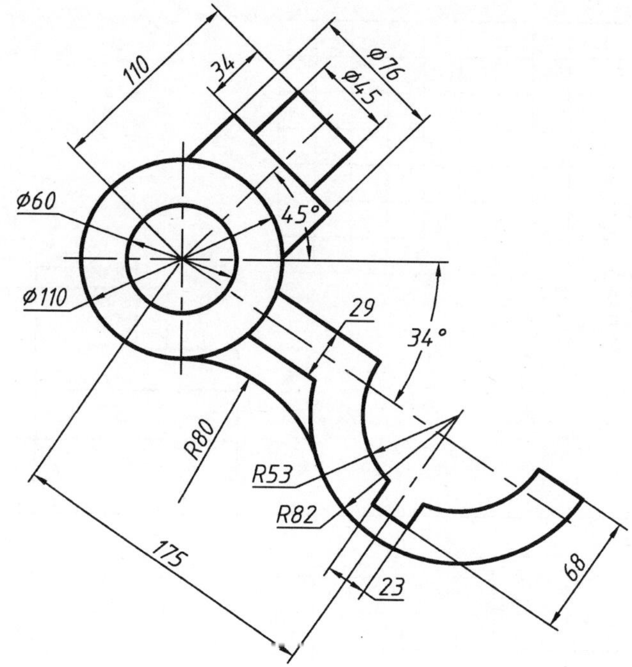

标记	处数	分区	更改文件号	签名	年月日	HT200	（企业名）
设计			标准化			阶段标记 / 重量 / 比例 1:2	拨　叉
审核							
工艺			批准			第　张　共　张	（图号）

班级：　　　　姓名：　　　　学号：

1.

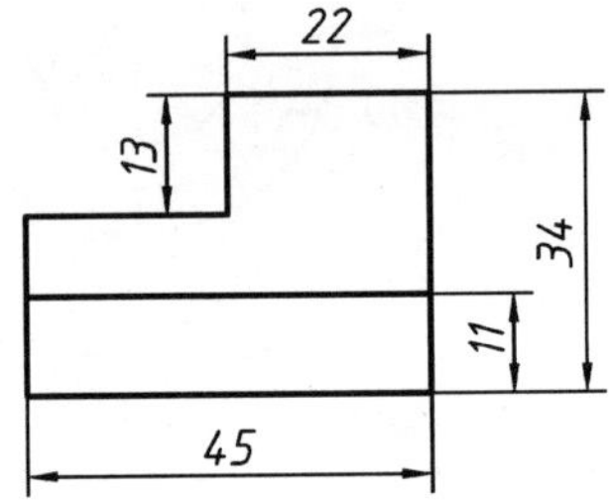

2.

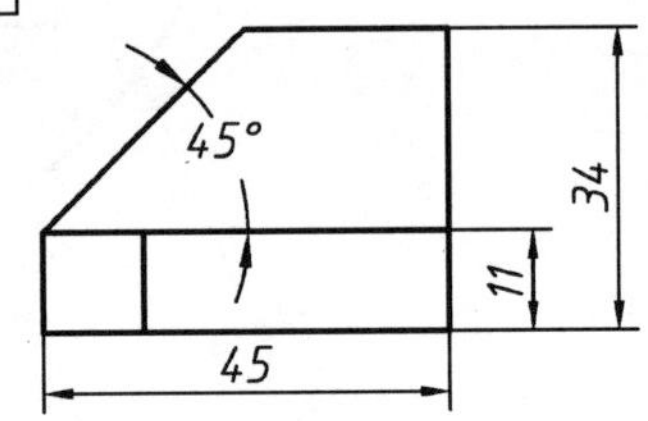

3.

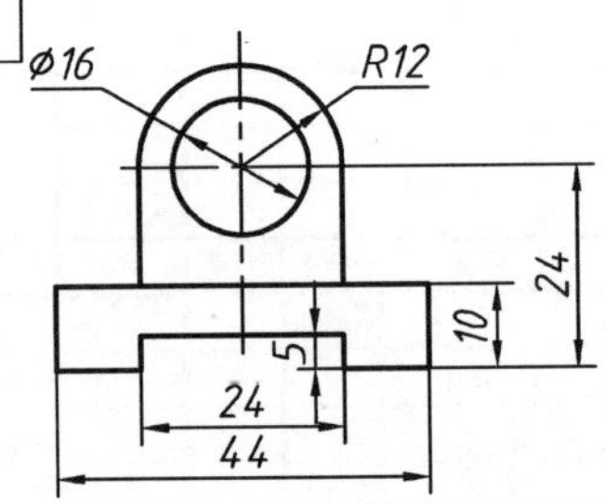

4.

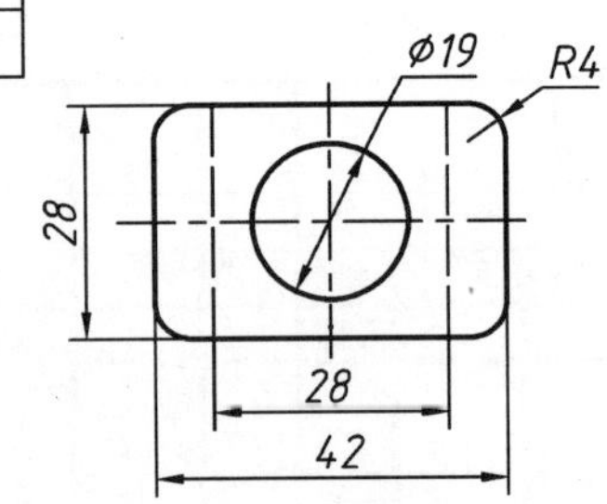

工作任务：绘制挂轮架平面图形。

任务要求：

（1）比例 1∶2。
（2）图幅 A4。
（3）布图均匀。
（4）作图精确。
（5）线型、字体规范，符合机械制图国家标准要求。
（6）标题栏书写规范。

任务指导：

（1）分析尺寸、线段。
（2）布图，绘制点画线，由主到次，形成图形框架。
（3）依次绘制已知线段、中间线段、连接线段。
（4）检查、加粗、加深图线。
（5）注写尺寸、标题栏等。

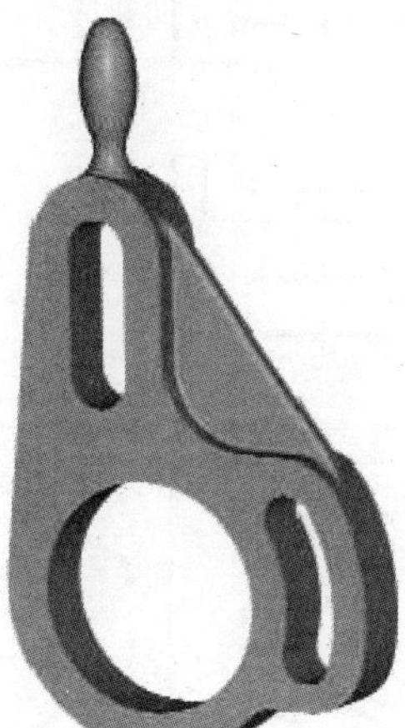

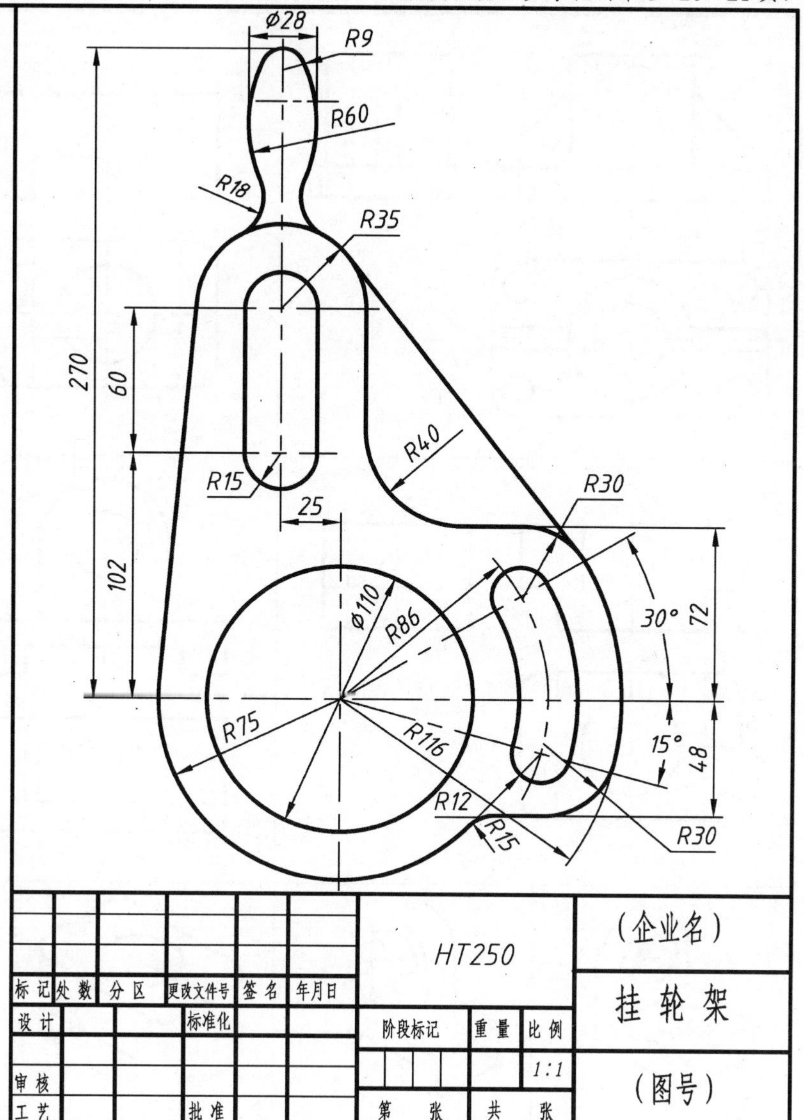

项目 2 简单零件 任务 2-1 分析三视图，找出对应的立体图，并把相应的字母填入括号内 （基础理论训练：参考教材第 25～34 页）

1.

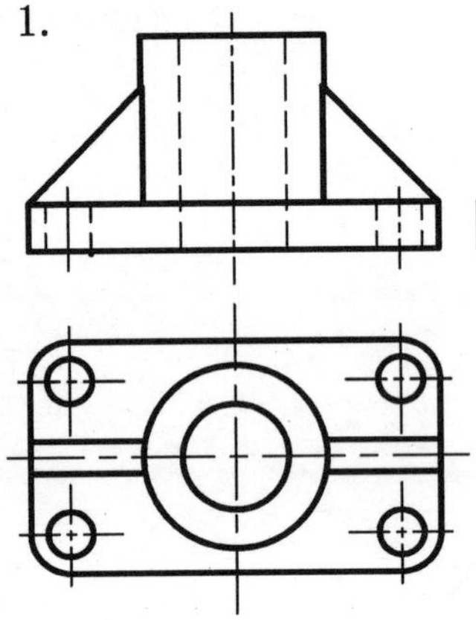

（ ）

2.

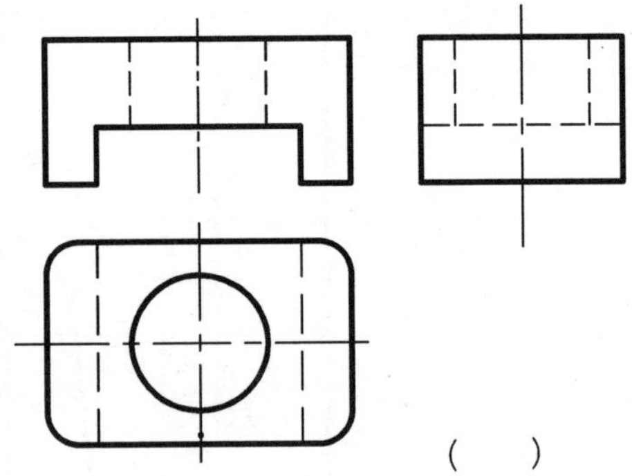

（ ）

3.

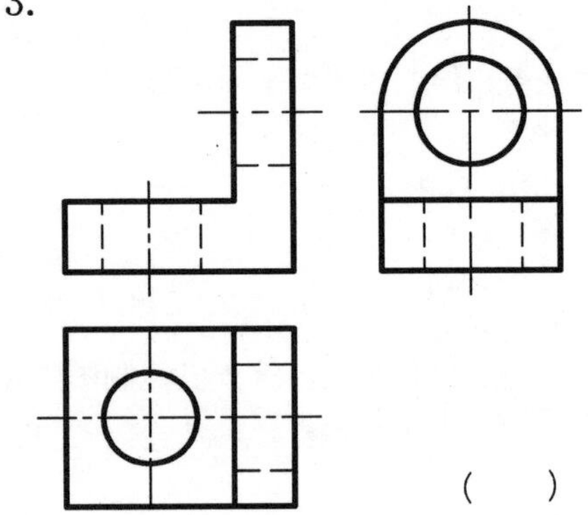

（ ）

4.

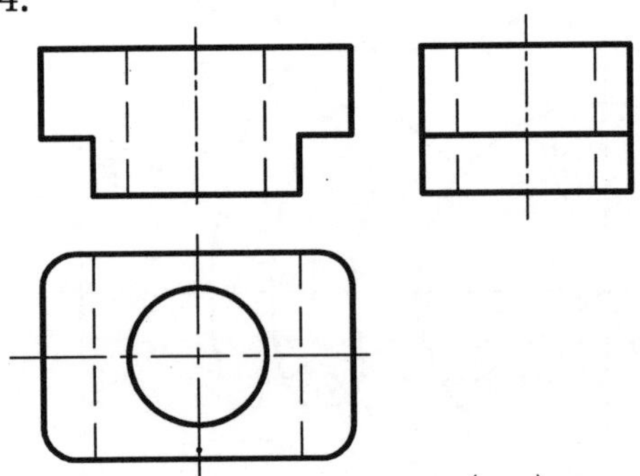

（ ）

5.

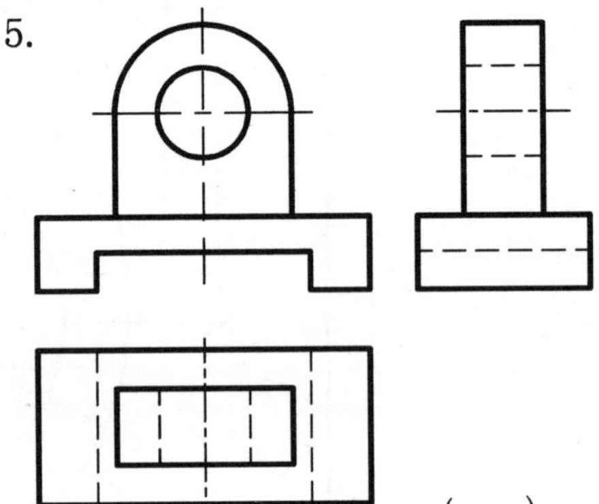

（ ）

6.

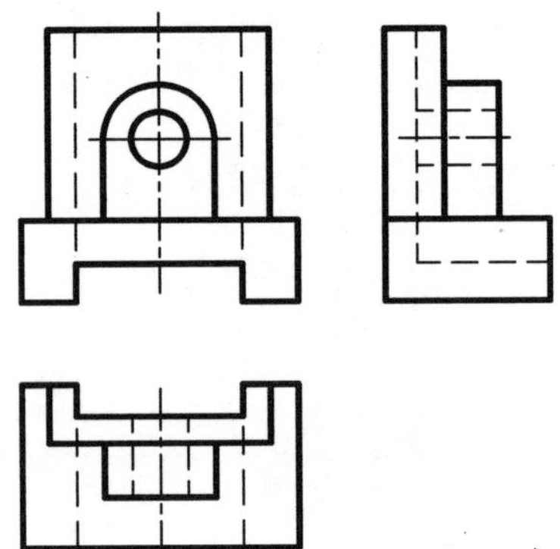

（ ）

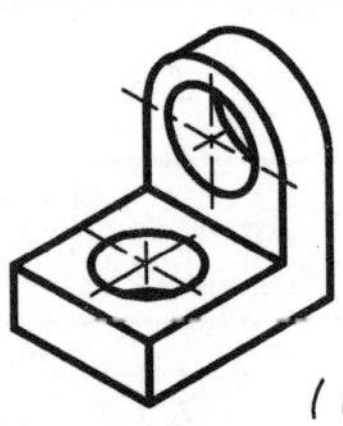

(a)

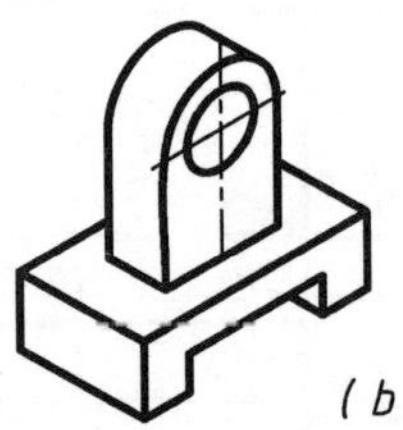

(b)

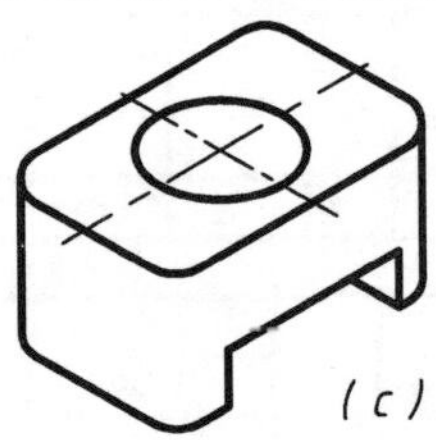

(c)

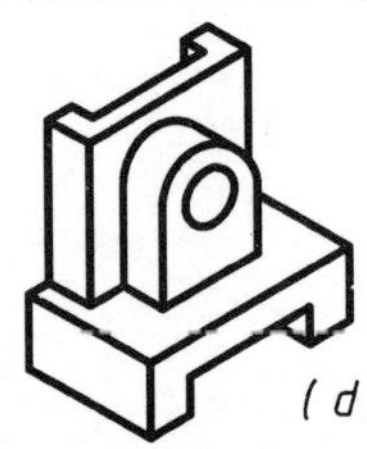

(d)

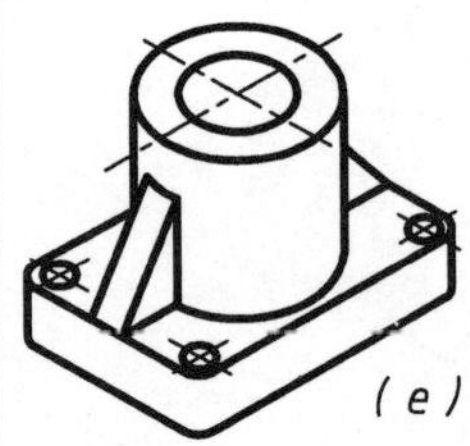

(e)

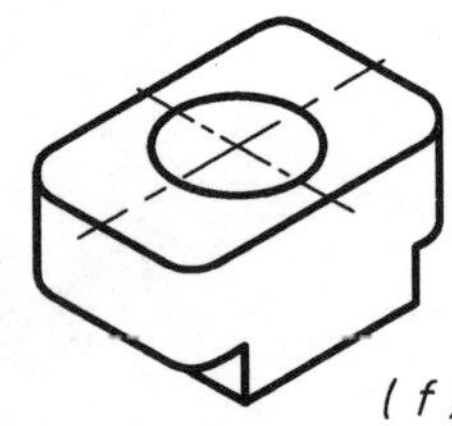

(f)

班级： 姓名： 学号：

1.

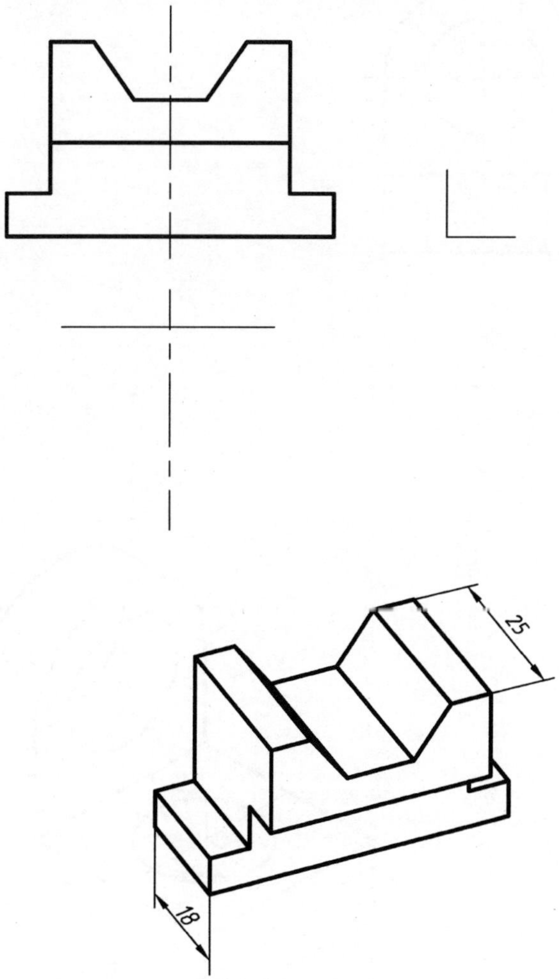

2.

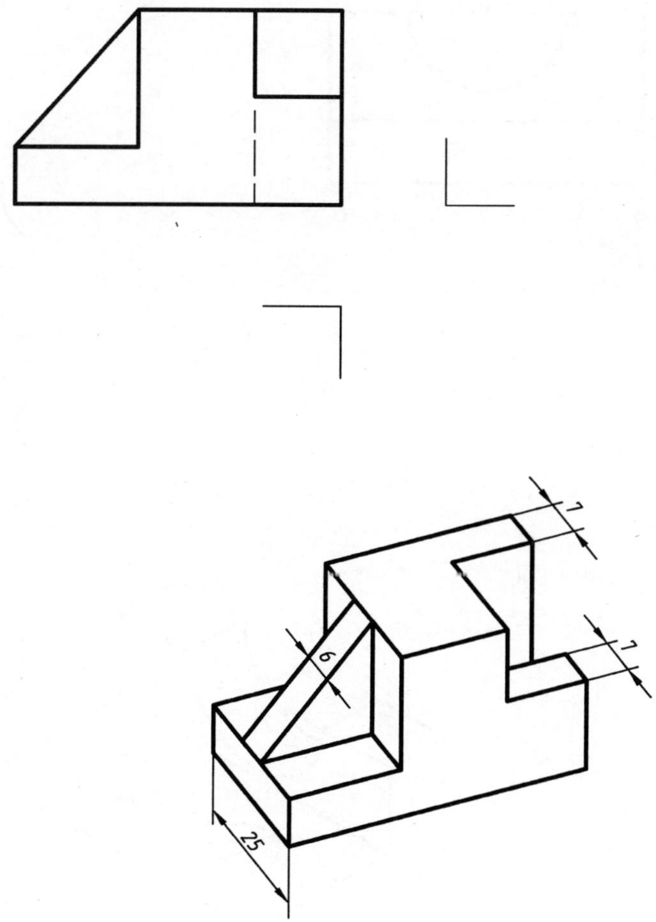

1.

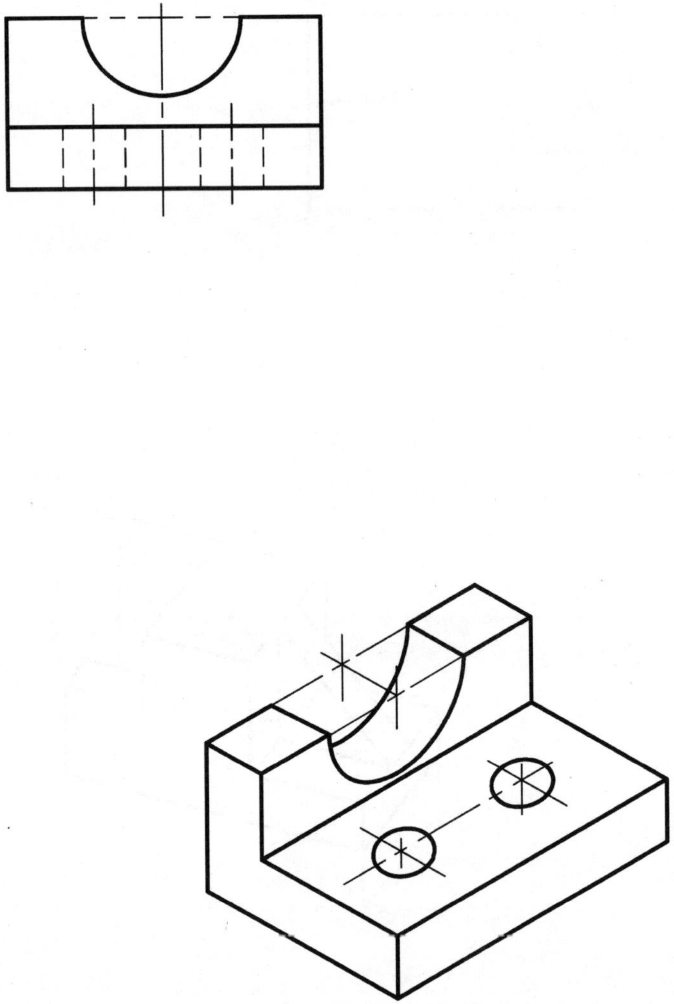

2.

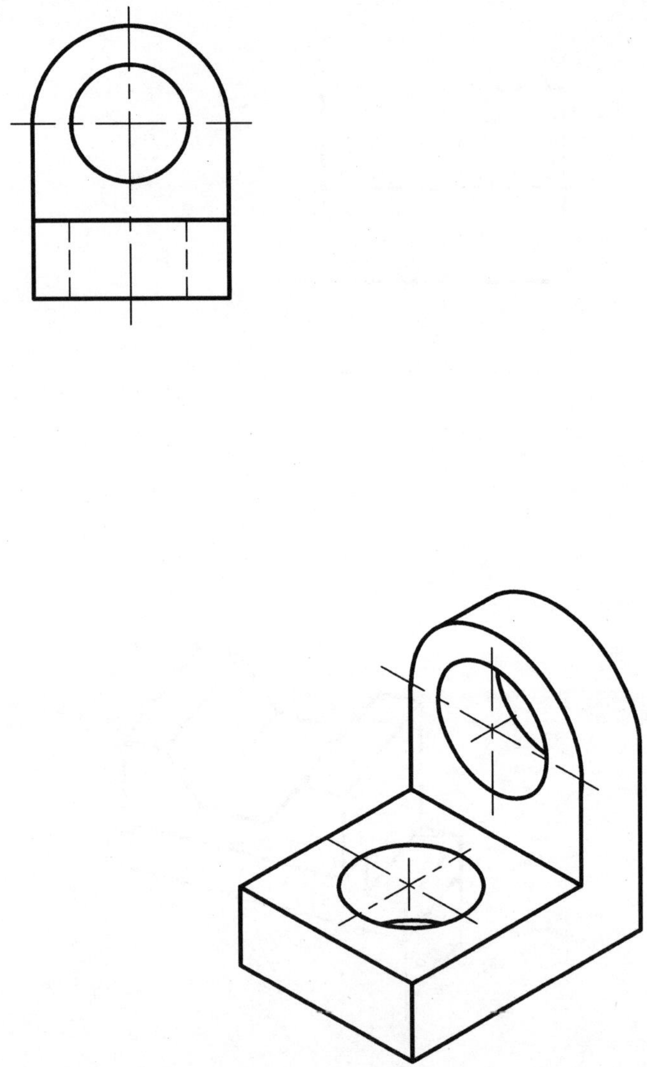

班级：　　姓名：　　学号：

任务 2-4　根据给出的两视图补画第三视图

（基础理论训练：参考教材第 31～34 页）

1.

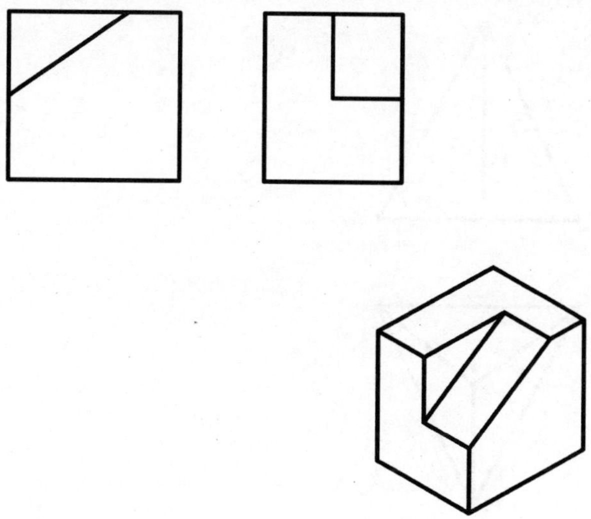

2.

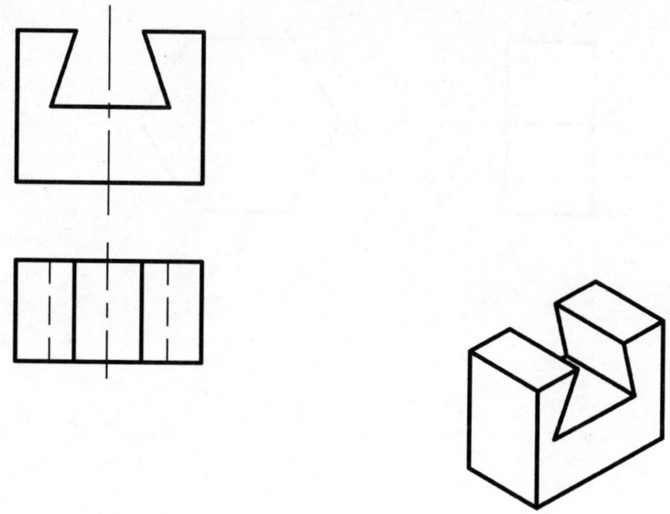

3.

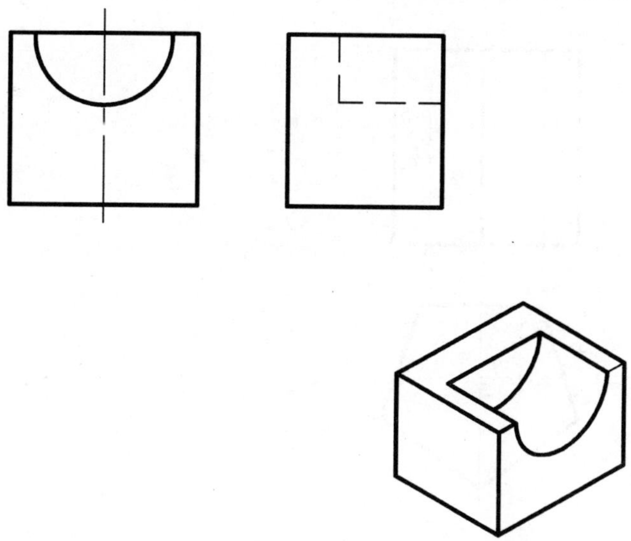

4.

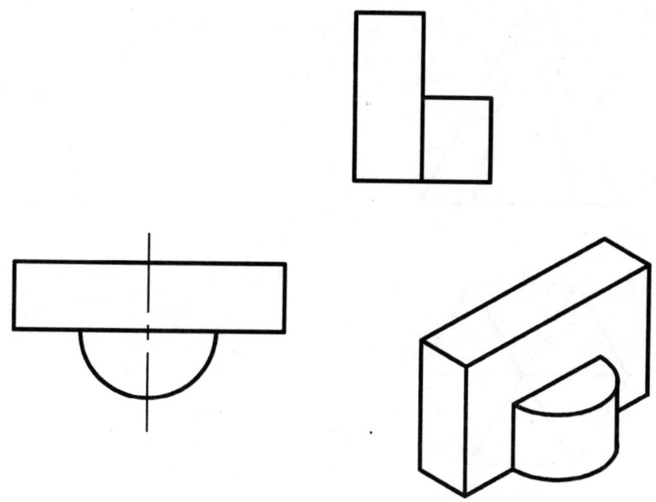

班级：　　　　　　　　　　姓名：　　　　　　　　　　学号：

任务2-5 根据给出的两视图补画第三视图，画出立体表面已知点的其他两投影（基础理论训练：参考教材第35～39页）

1.

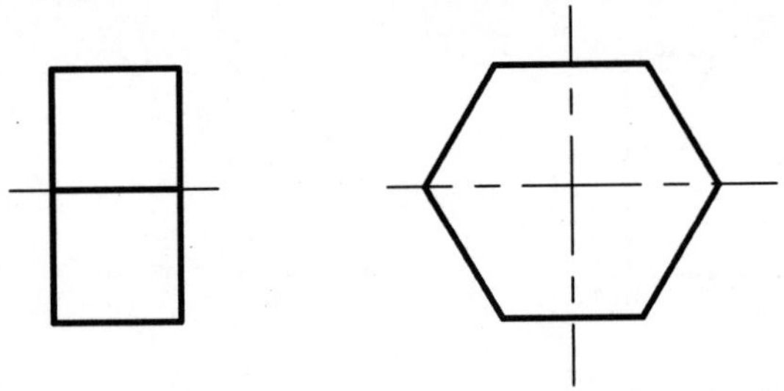

2.

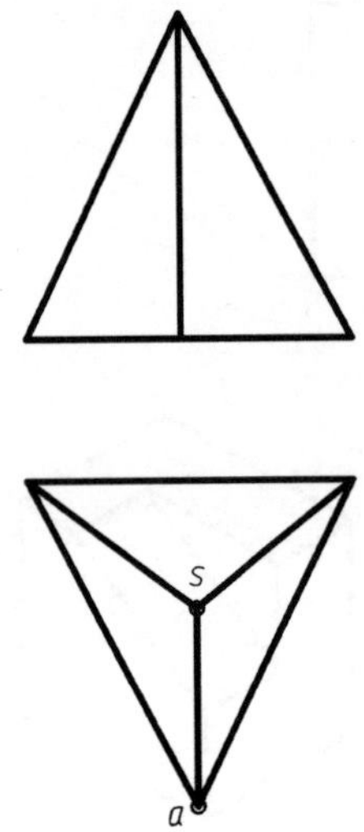

3.

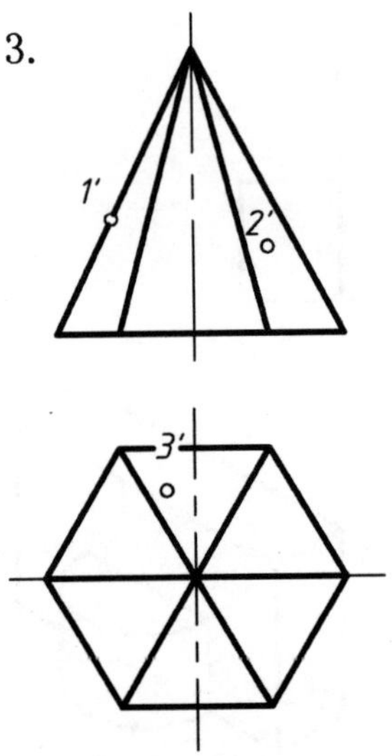

4.

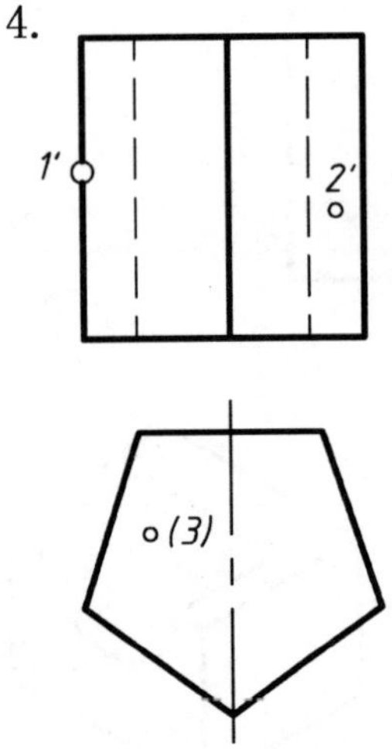

班级：　　　　姓名：　　　　学号：

（基础理论训练：参考教材第35～39页）

1. 补画截头正三棱锥的主、俯视图。

2. 补画截头四棱锥的俯、左视图。

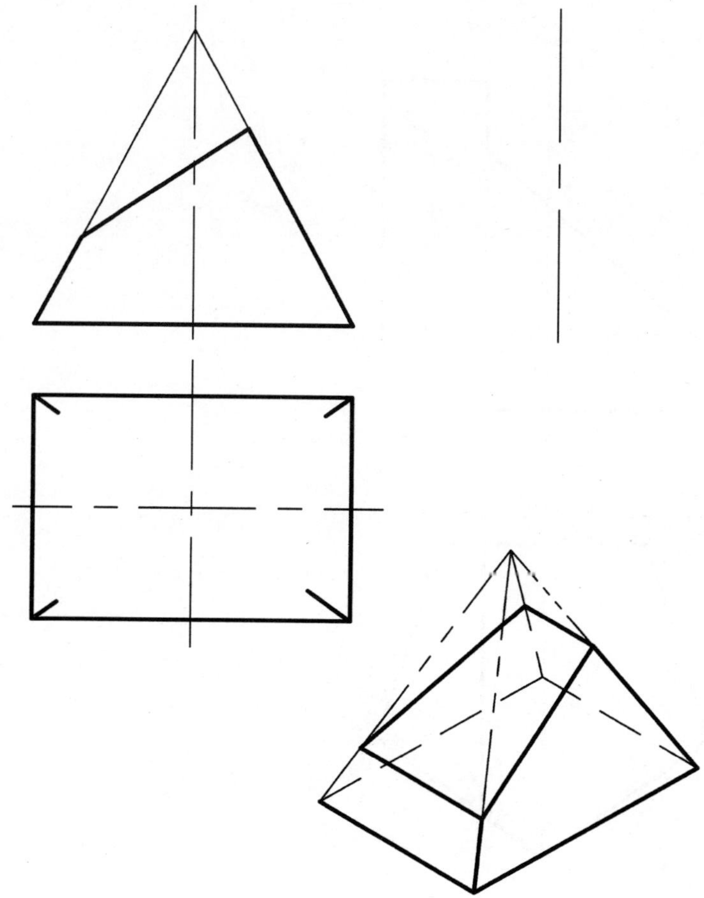

班级：　　　　姓名：　　　　学号：

1. 补画截交五棱柱的主、左视图。

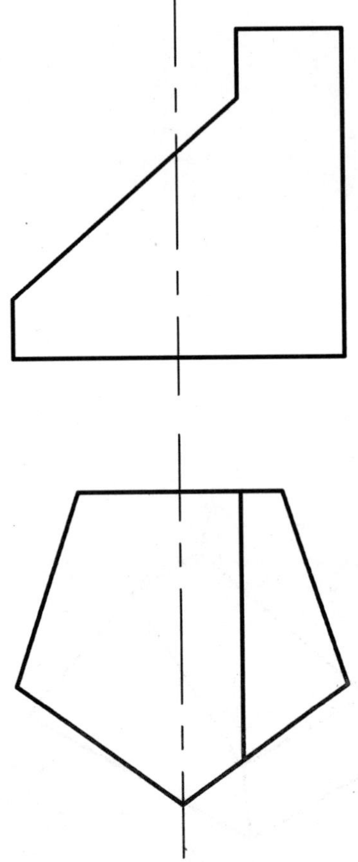

2. 补画截交正六棱锥的俯、左视图。

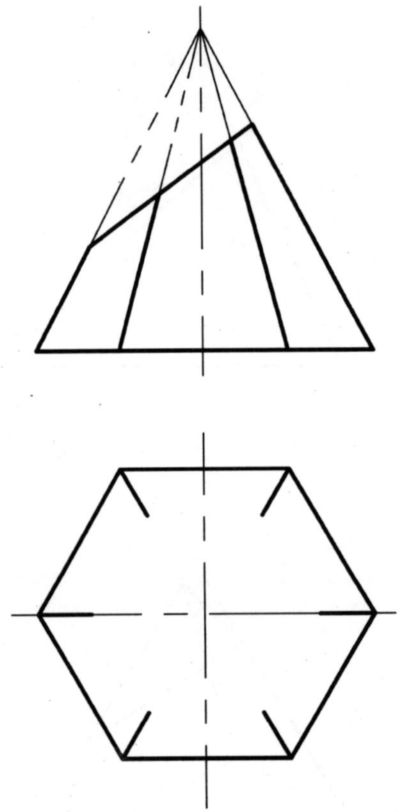

班级：　　姓名：　　学号：

1.（圆柱高为30）

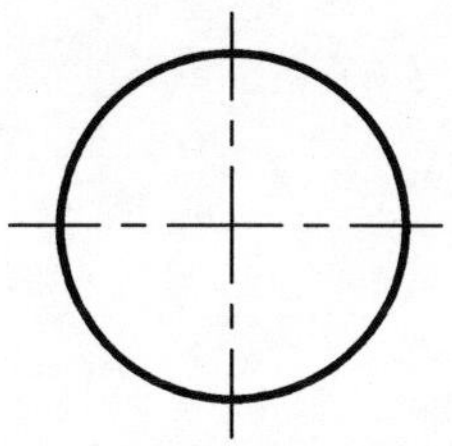

2.

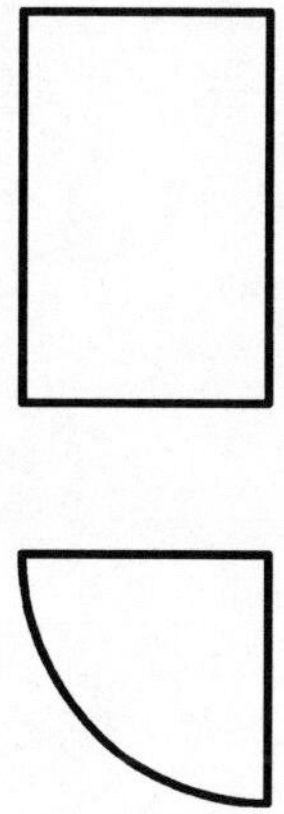

3.（圆柱高为40）

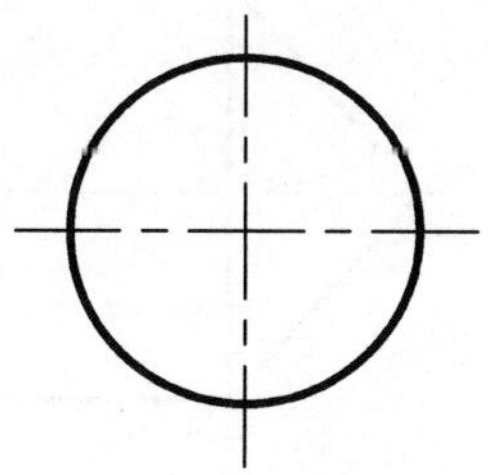

4.

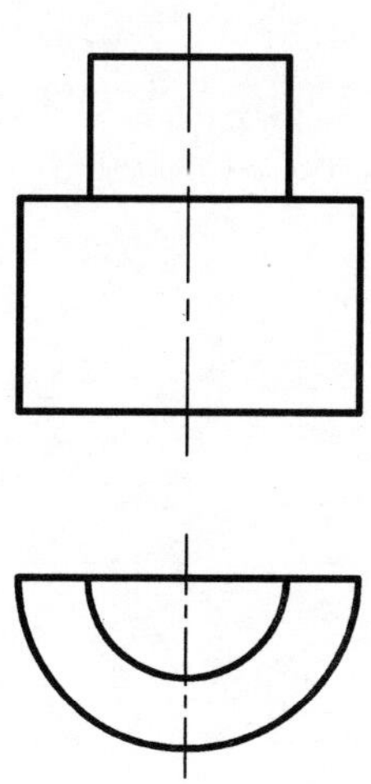

 根据给出的两视图补画第三视图，画出立体表面已知点的其他两投影（**基础理论训练**：参考教材第43～50页）

1.

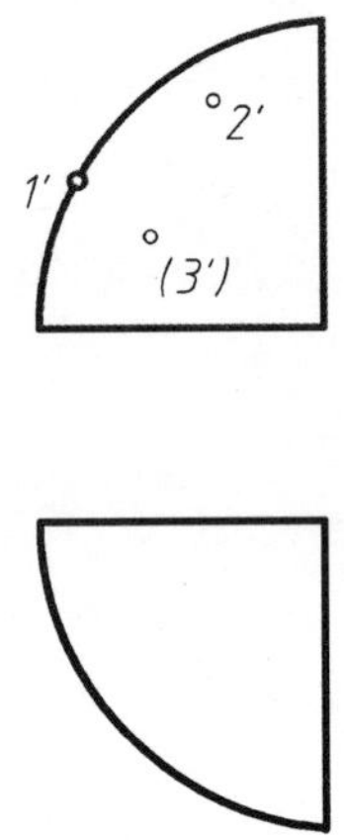

2.

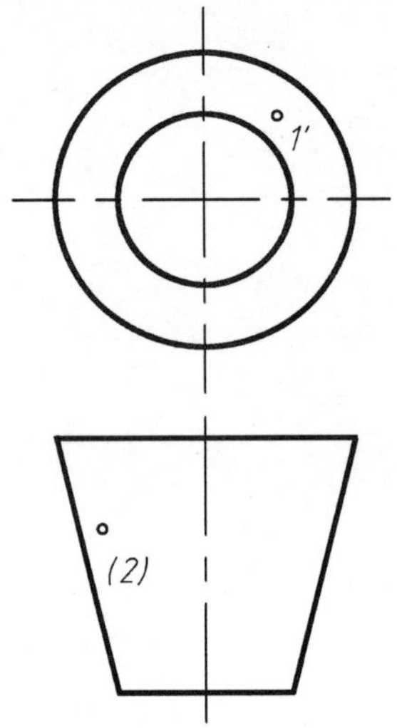

3.

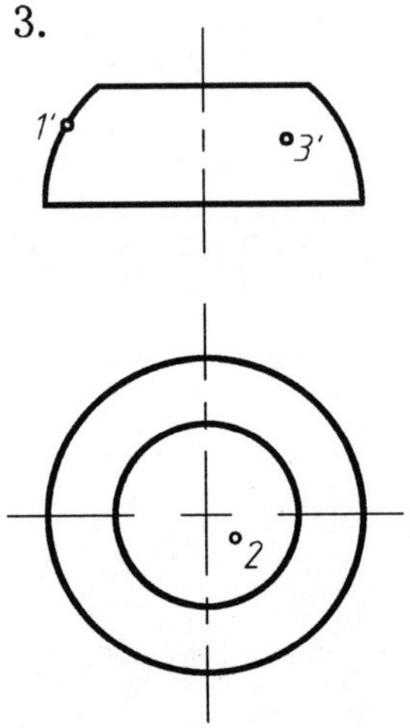

4.

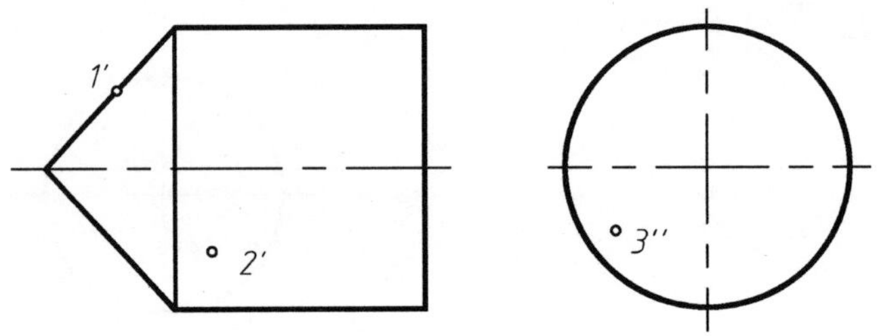

 班级： 姓名： 学号：

1. 补画截交圆柱体的主、左视图。

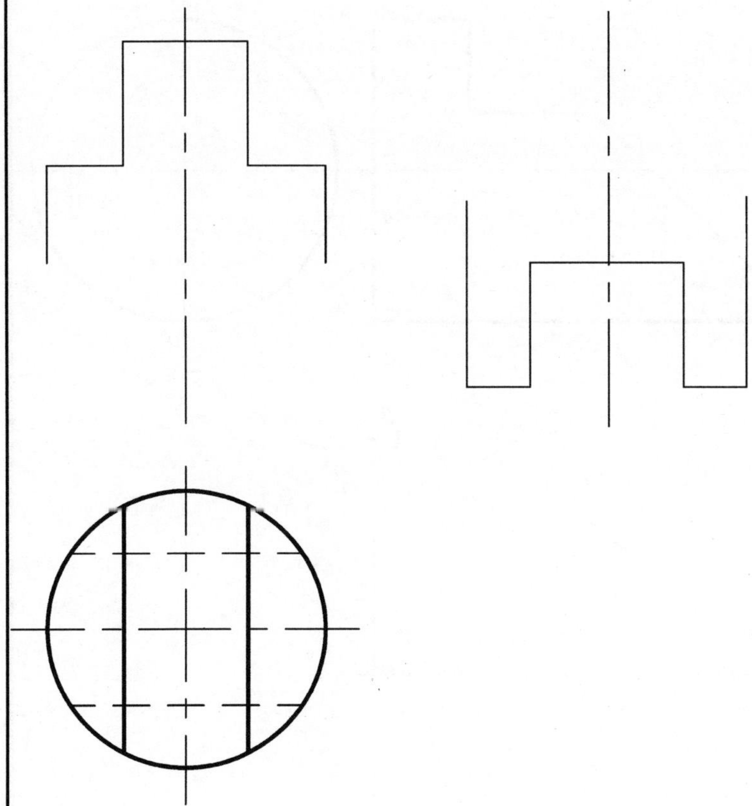

2. 补画截交圆柱体的左视图。

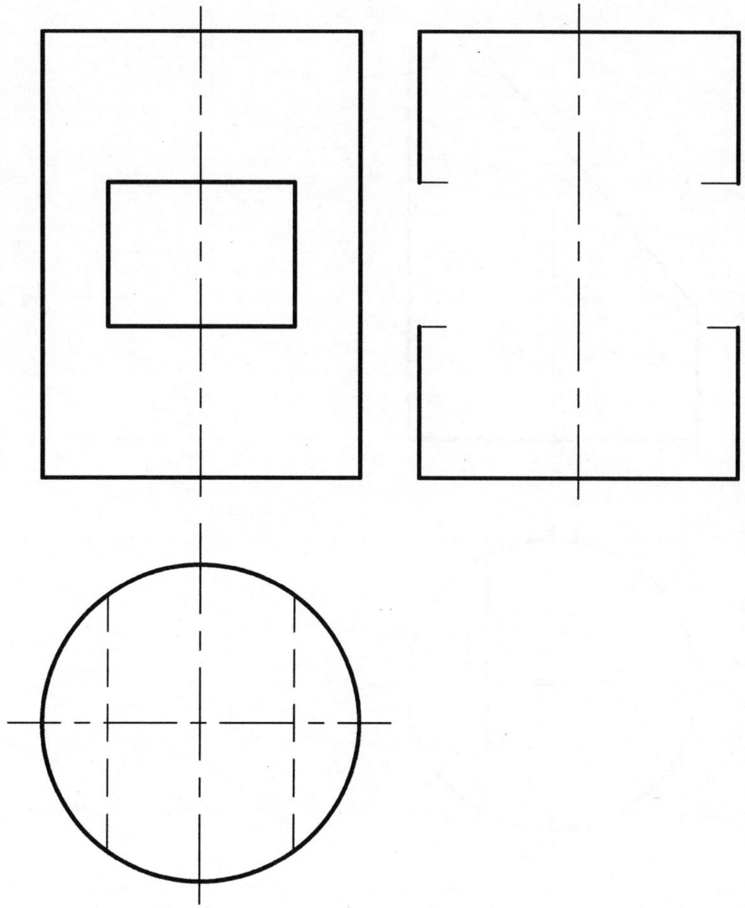

1. 补全截交圆柱体的三视图。

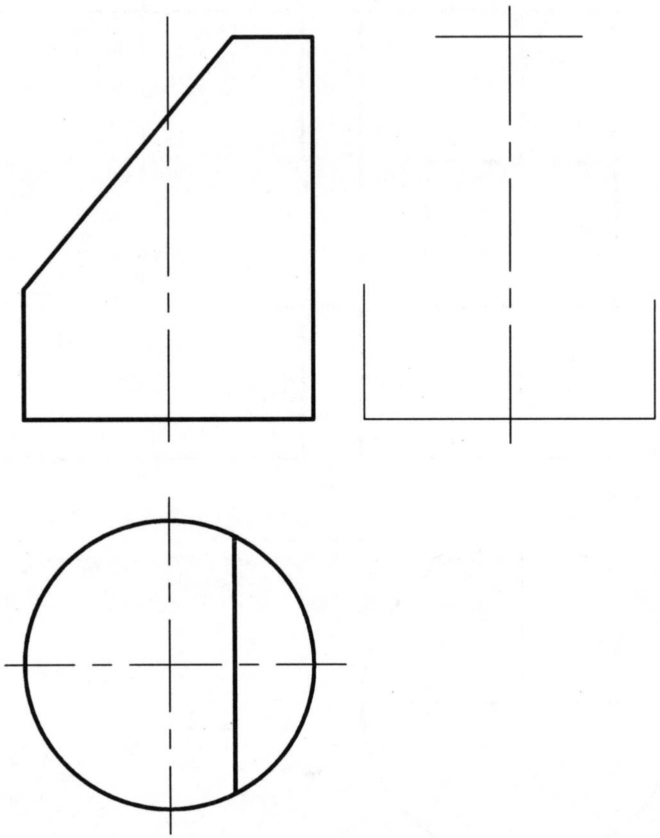

2. 补全截交圆柱体的俯、左视图。

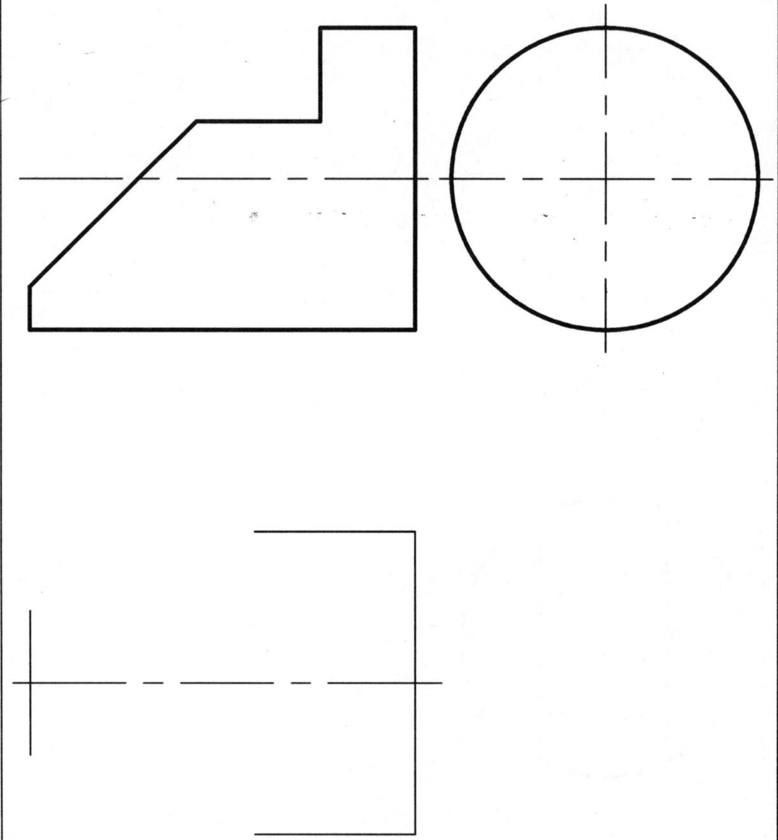

班级：　　姓名：　　学号：

1.

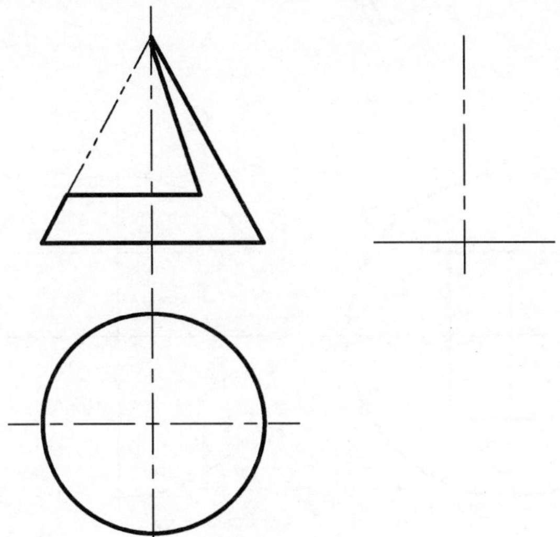

2.

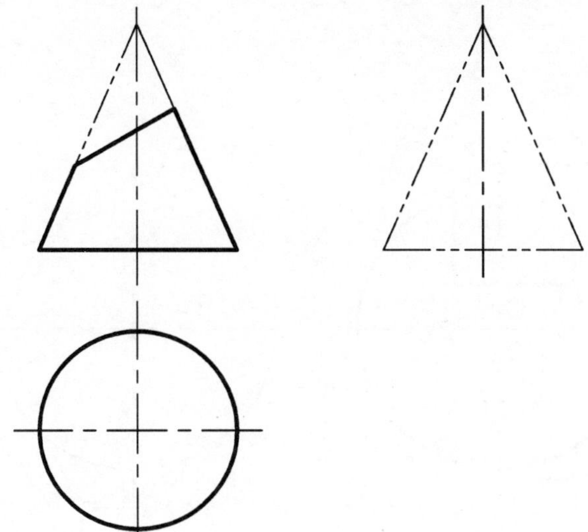

3.

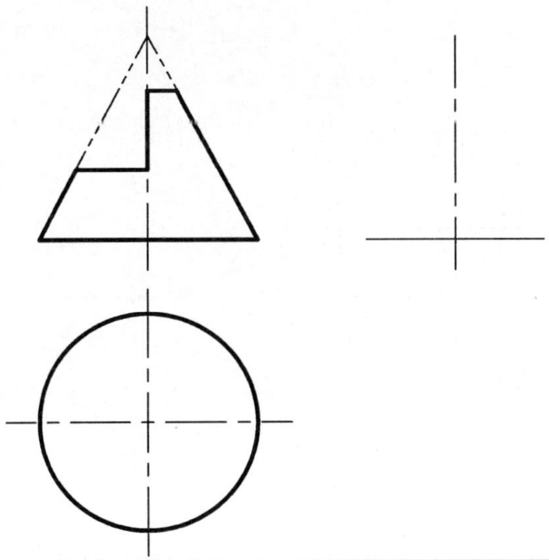

4.

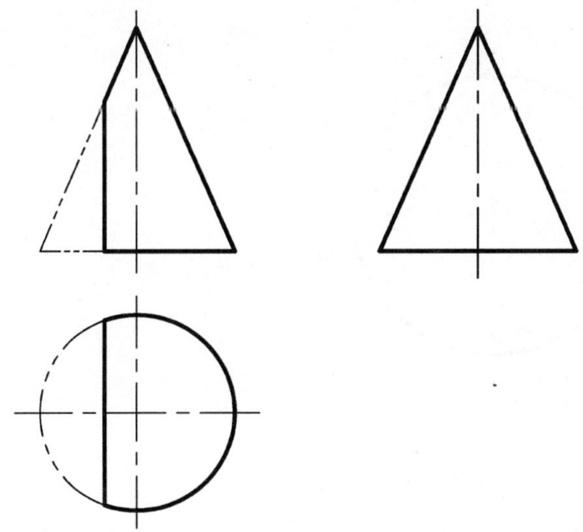

班级：　　　　姓名：　　　　学号：

1.

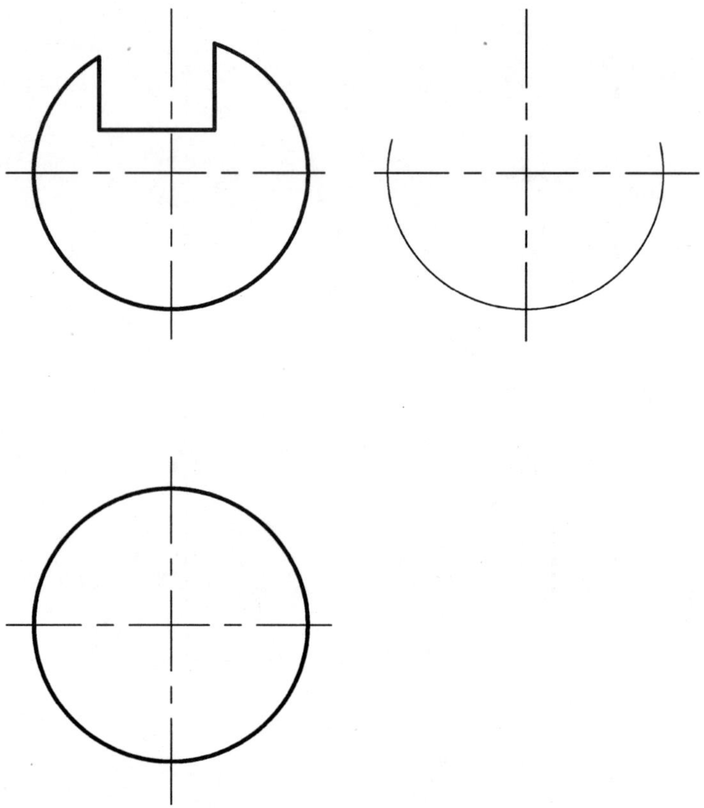

2.

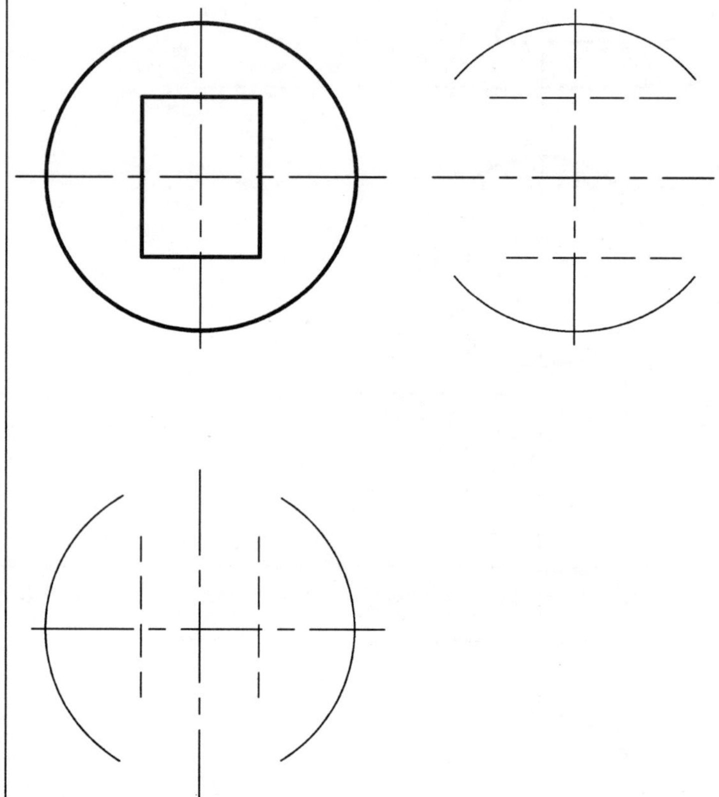

班级：　　姓名：　　学号：

任务 2-14　补画带切割同轴回转体零件的视图

（基础理论训练：参考教材第 40～50 页）

1.

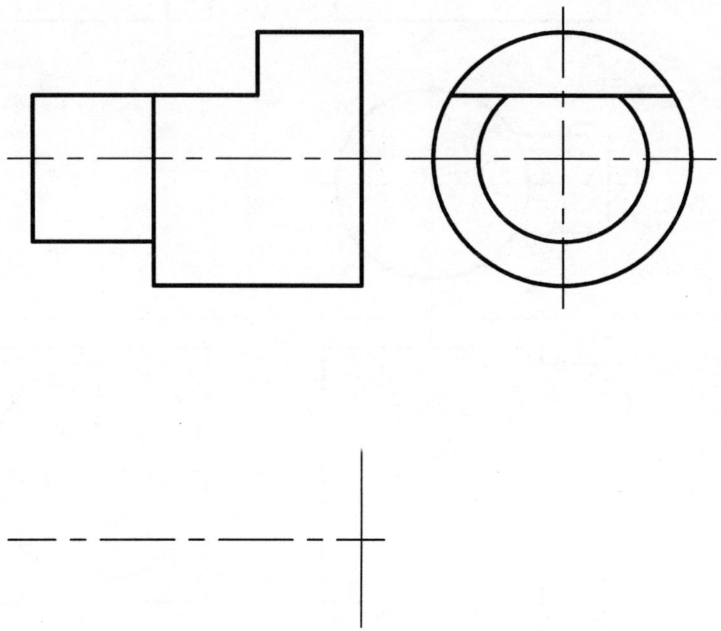

2.

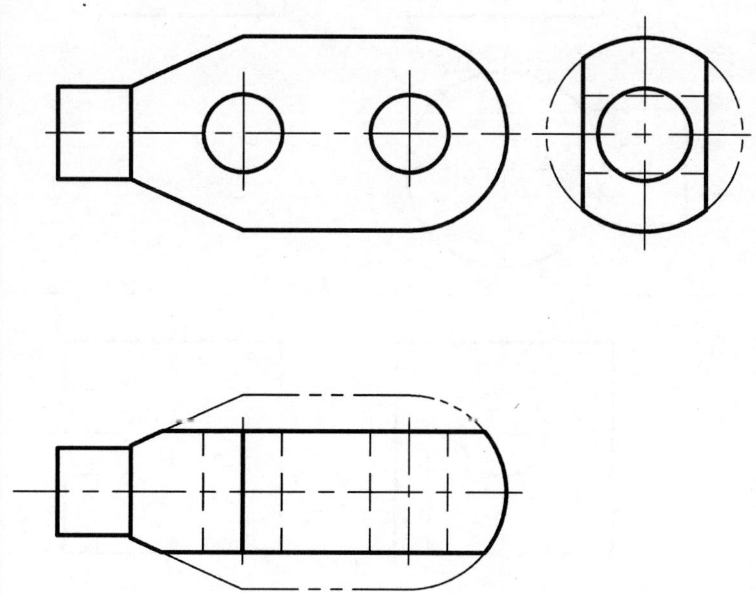

班级：　　　　姓名：　　　　学号：

1.

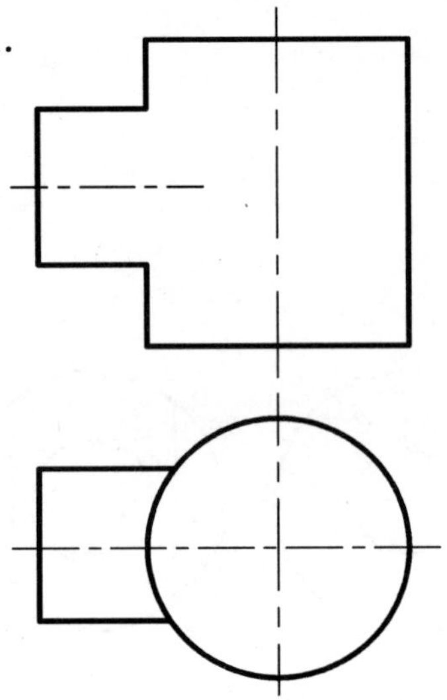

2.

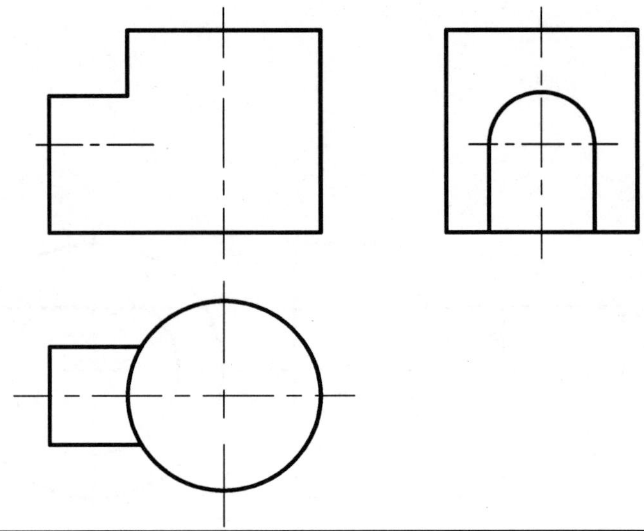

3.

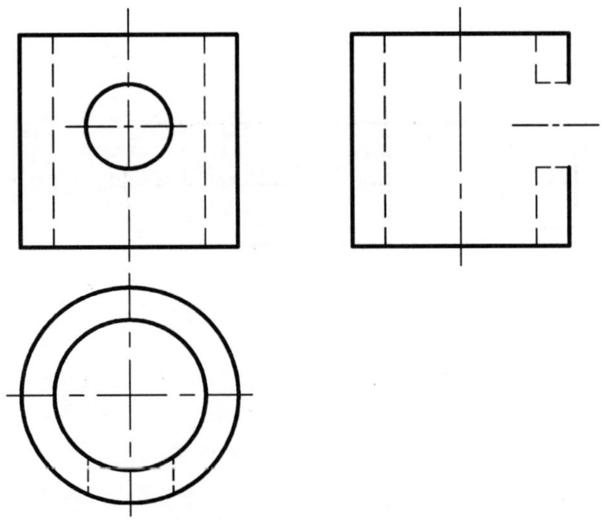

4.

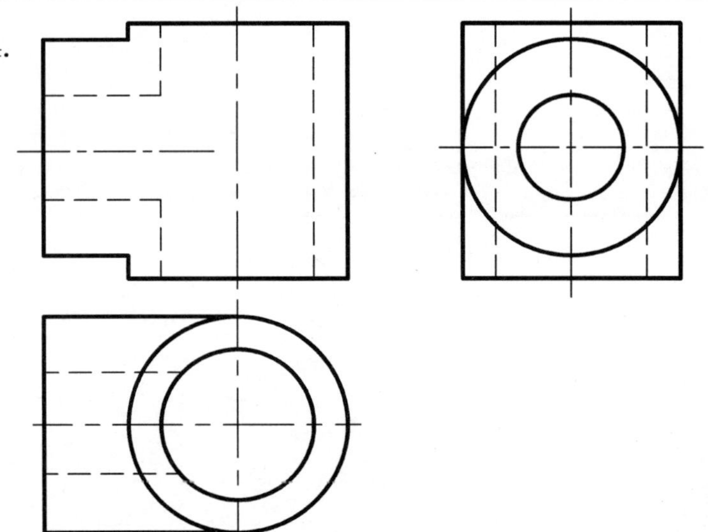

班级：　　姓名：　　学号：

工作任务：阅读简单零件视图；测绘螺母坯。

工作要求：

（1）比例1∶1；图幅A4。

（2）表达方案合理。

（3）投影正确。

任务指导：

（1）在选择表达方案时，主视图考虑整体形象的朝向作投影方向。注意其他视图的可见性。

（2）量具：游标卡尺、千分尺、钢直尺。测量数值圆整处理。

2. 测绘螺母坯，绘制一组视图（倒角30°）

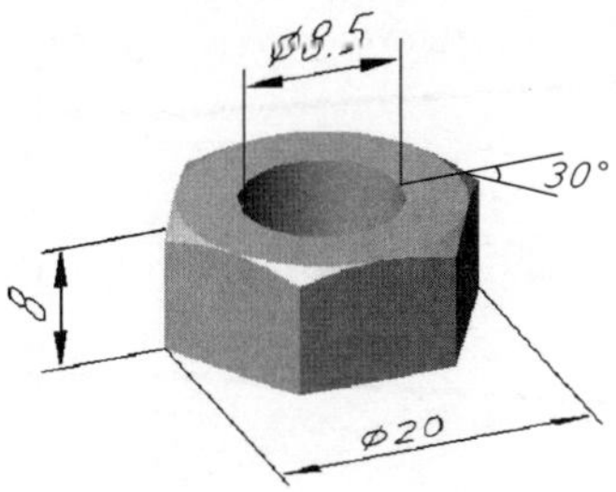

1. 阅读内六角扳手零件视图

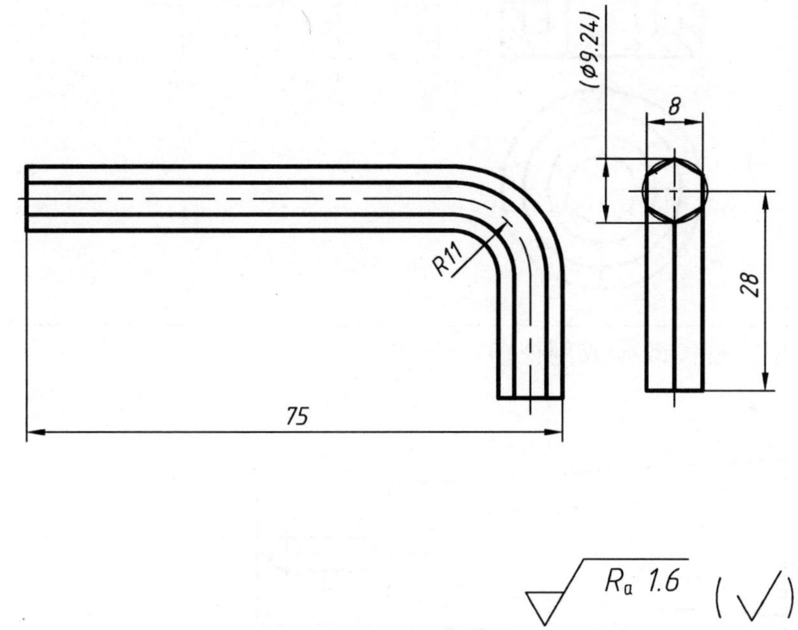

设 计			内六角扳手	（图 号）	
工 艺				比 例	1:1
审 核			T8	（企业名）	

1. 将主视图改画成半剖视图、局部剖视图。

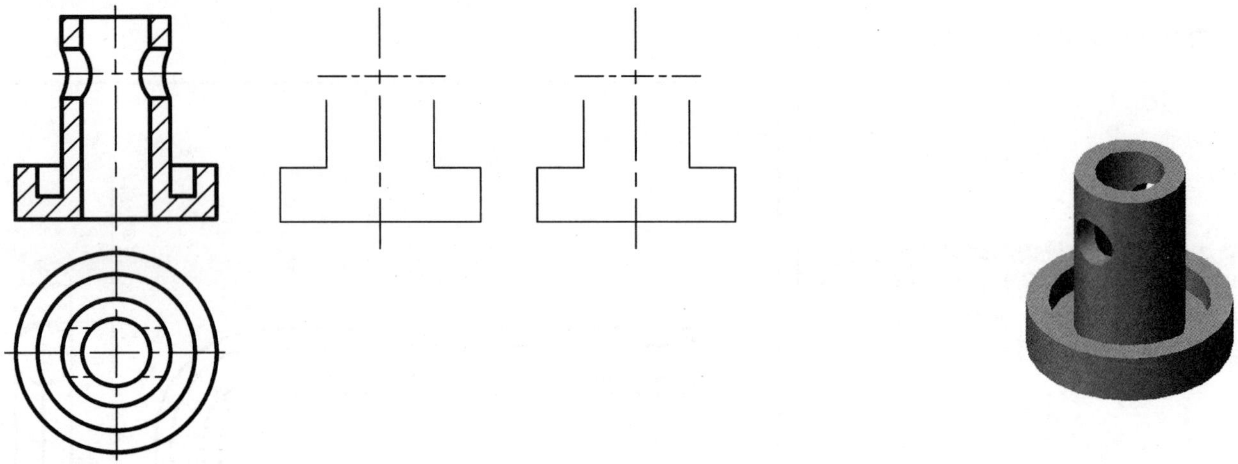

2. 把主视图改画成剖视图。

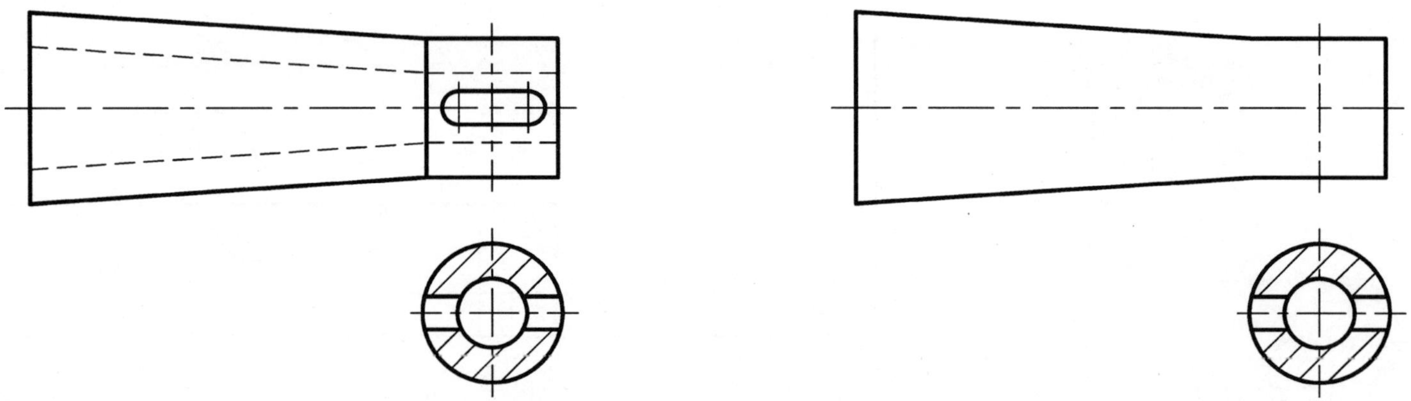

班级：　　姓名：　　学号：

1.

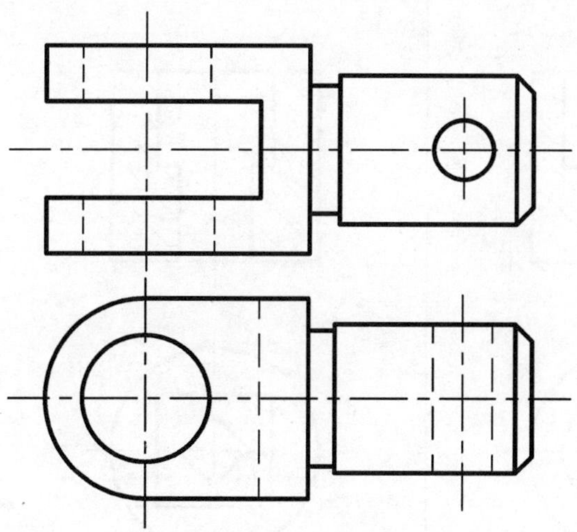

2.

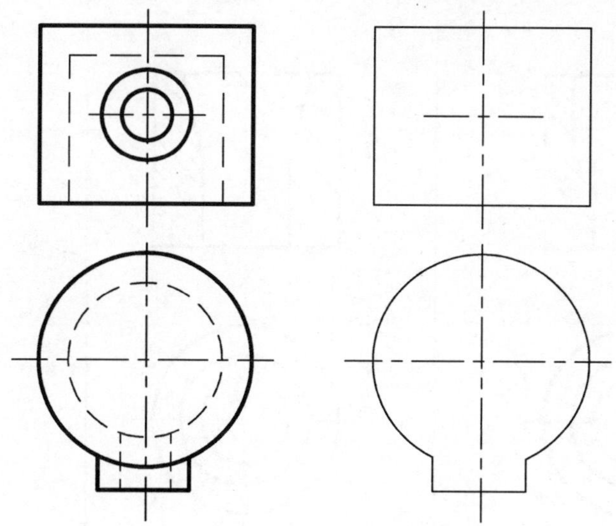

3.

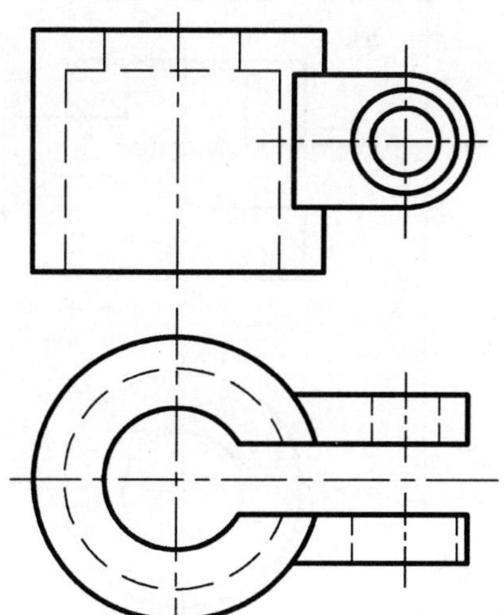

4.

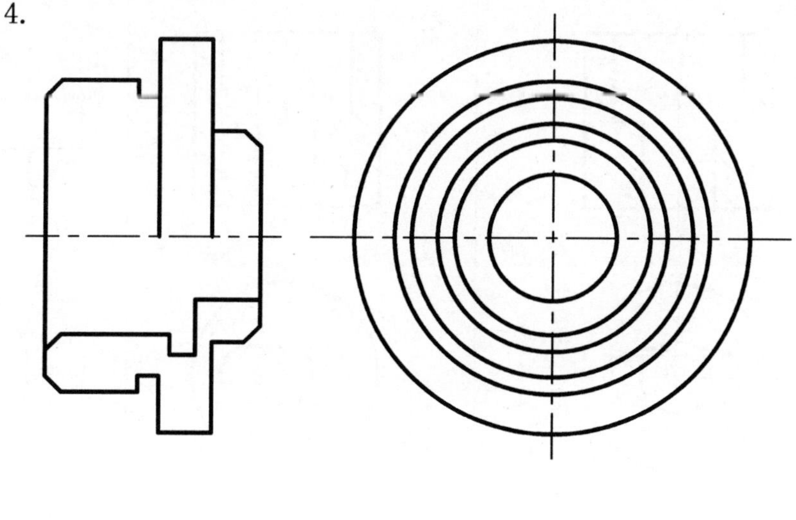

班级：　　姓名：　　学号：

1.

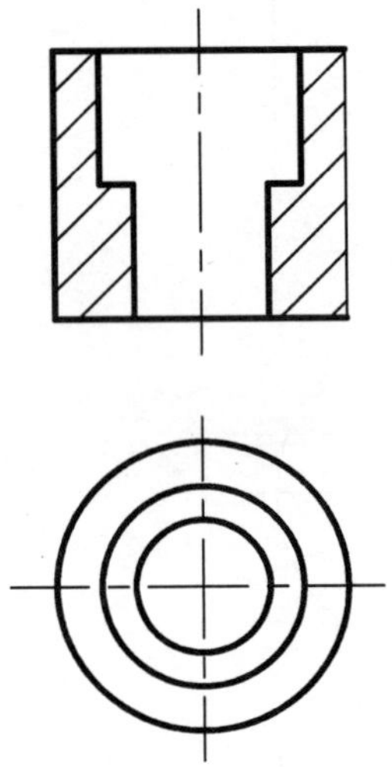

2.

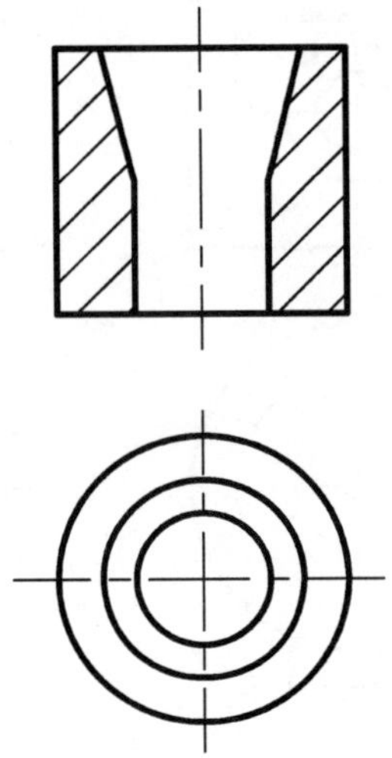

3.

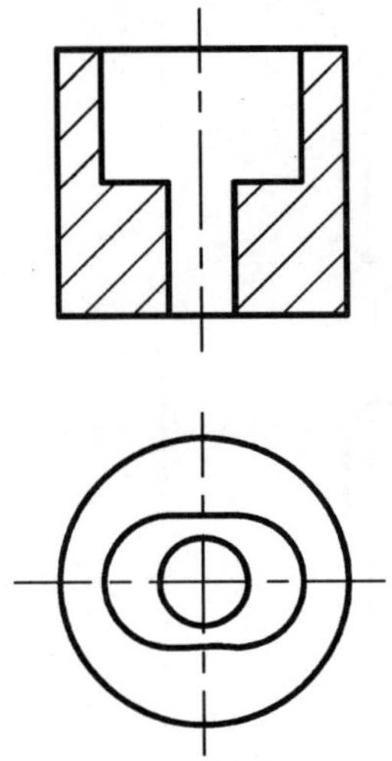

4.

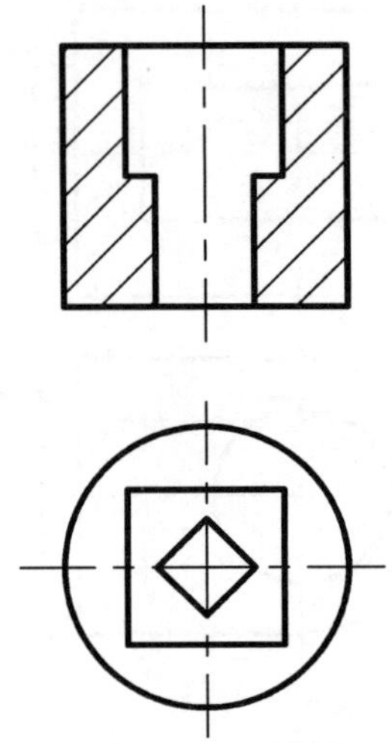

5.

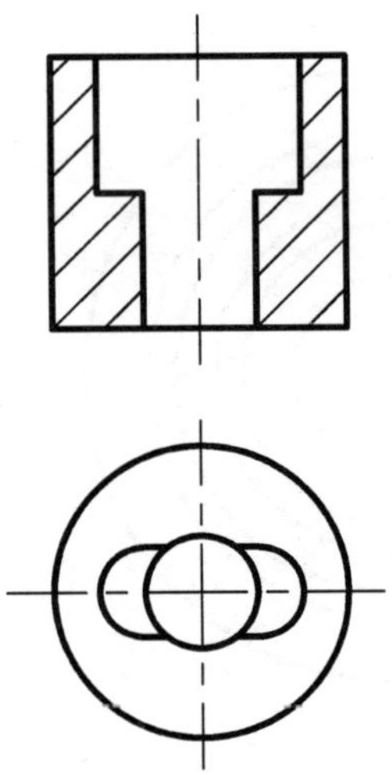

6.

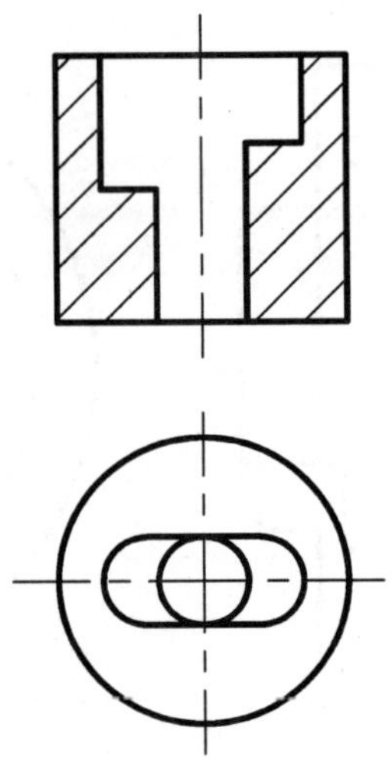

7.

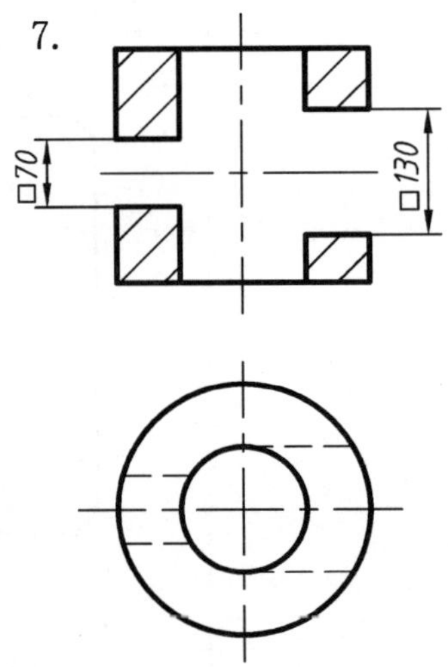

8.

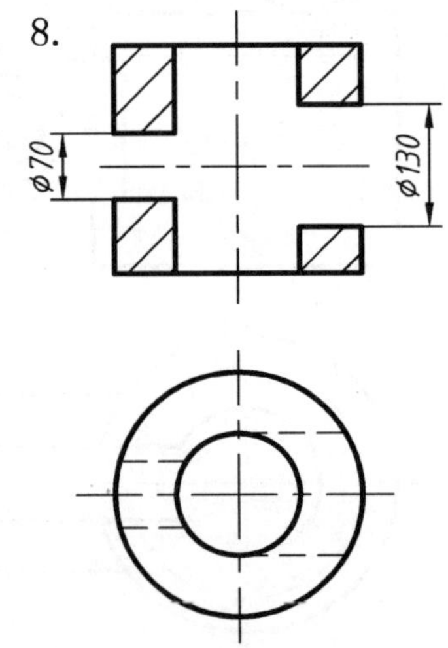

班级：　　姓名：　　学号：

1. 根据主视图，找出正确的断面图。

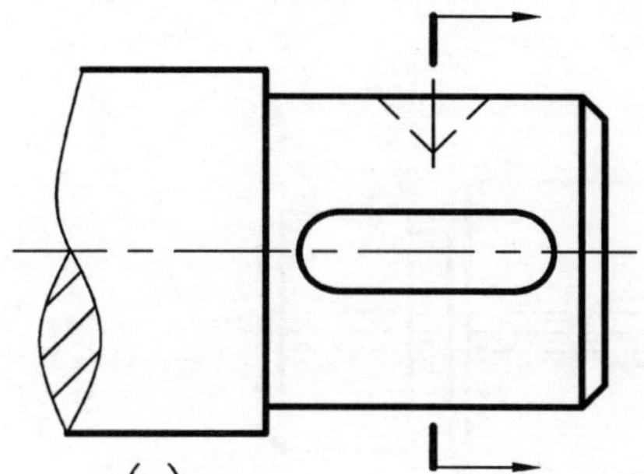

(a)

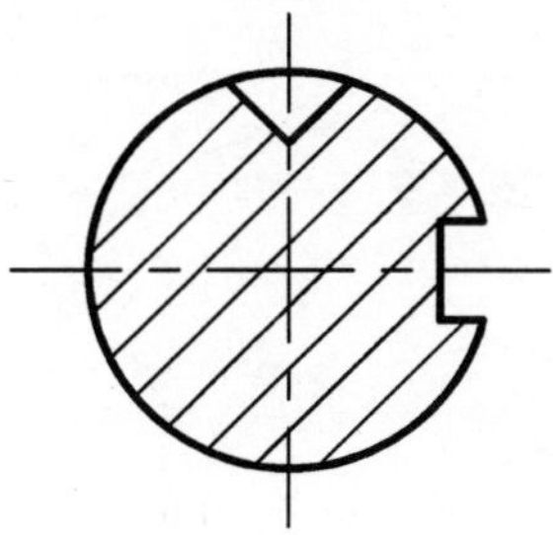

(b)

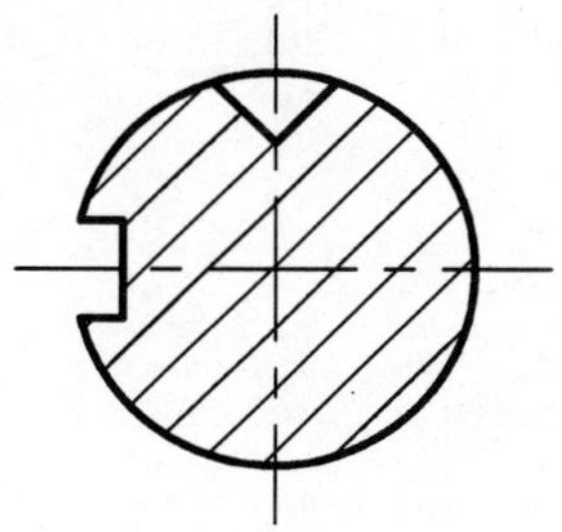

(c)

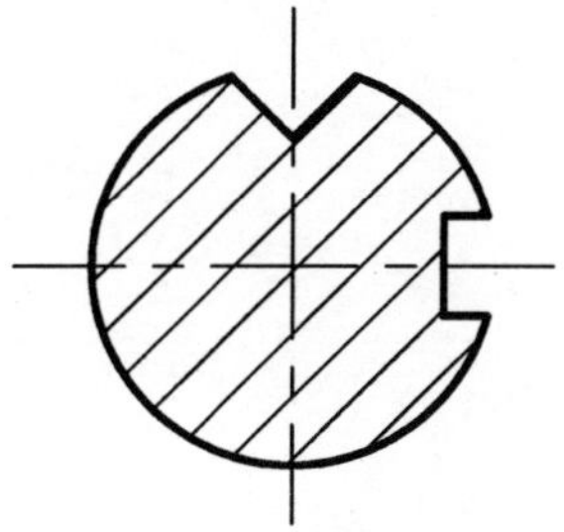

(d)

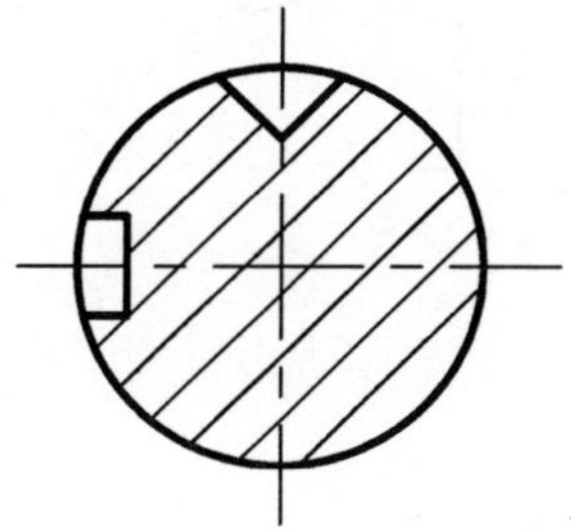

2. 画出 I 处局部放大图。

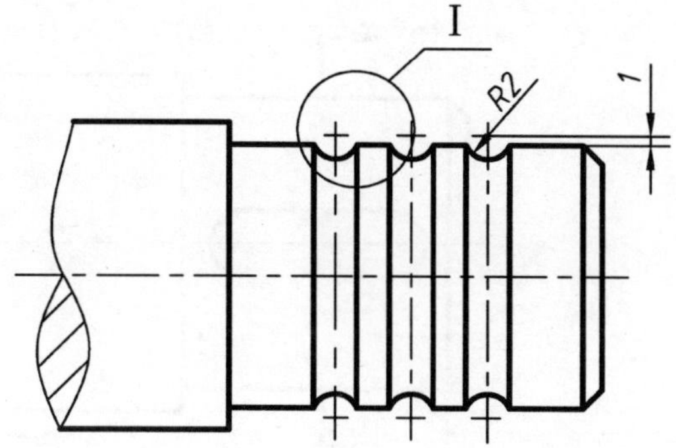

$\frac{\text{I}}{2:1}$

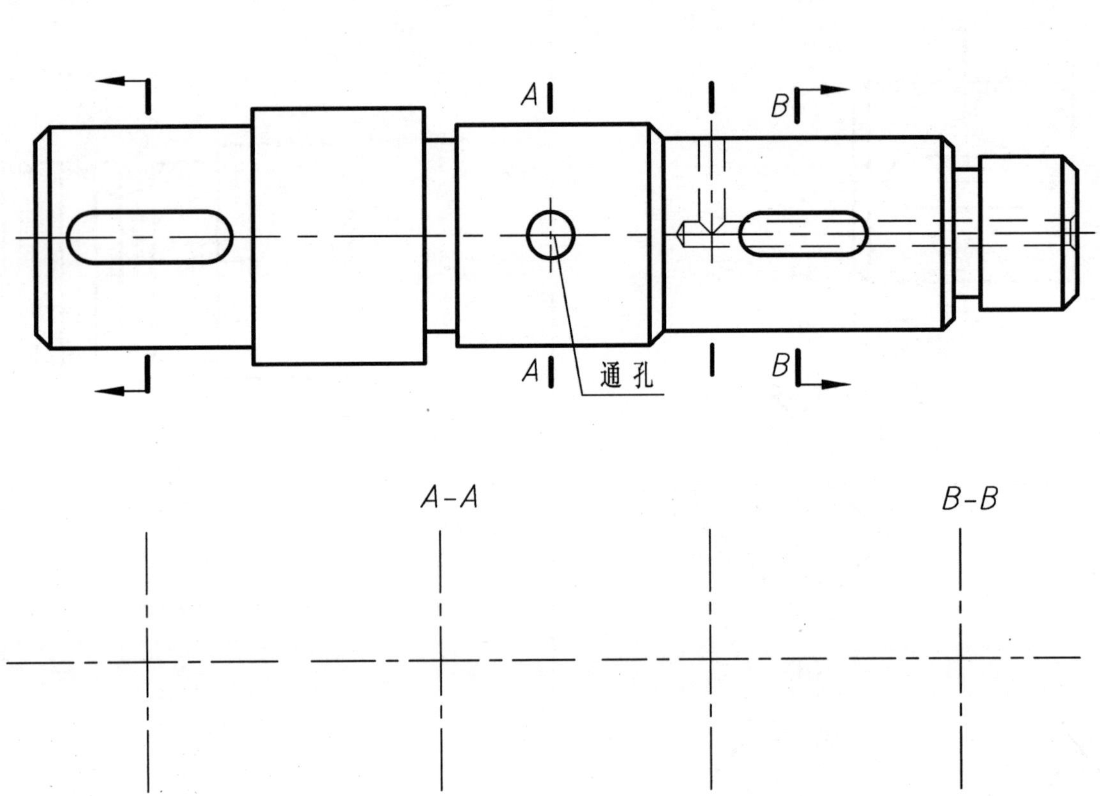

班级：　　姓名：　　学号：

任务 3-6　画出 *A-A*、*B-B* 断面图，并对图形进行标注

（基础理论训练：参考教材第 80～83 页）

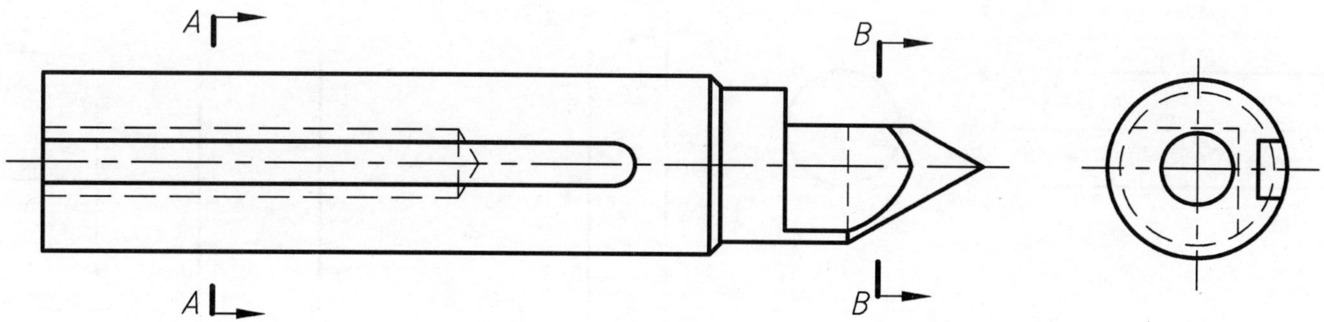

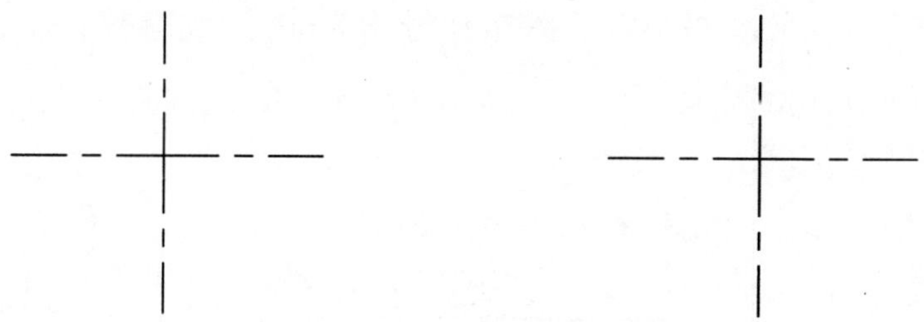

班级：　　　　　　姓名：　　　　　　学号：

1. 已知普通螺纹大径d=16，螺距P=2，右旋，单线，中径与大径的公差带代号均为6g，螺纹有效长度为35。

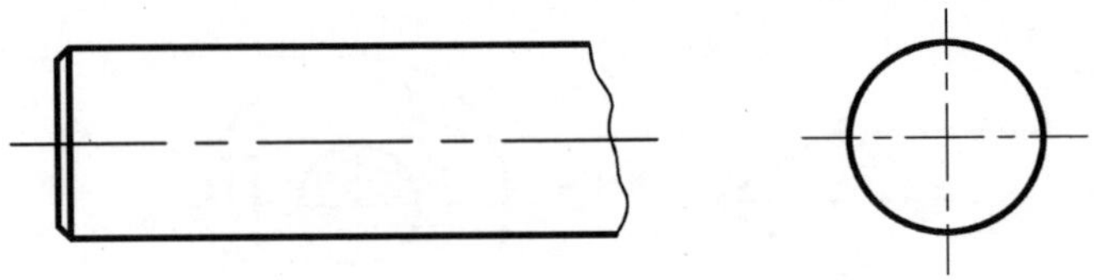

2. 已知普通螺纹（通孔）D=16，螺距P=2.5，右旋，单线，中径与小径公差带代号均为6H。

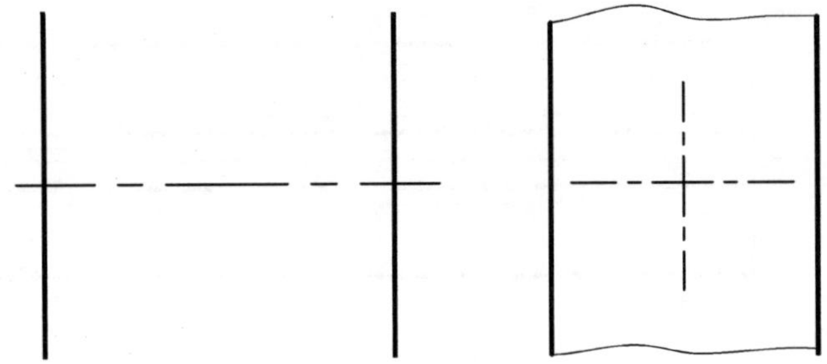

3. 试在轴上画出螺纹结构。

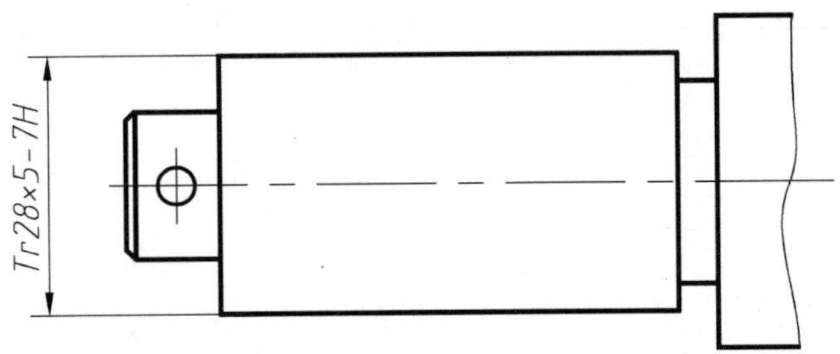

4. 已知普通螺纹大径D=16，螺距P=2，右旋，单线，中径与小径公差带代号均为6H，螺纹有效长度为25。

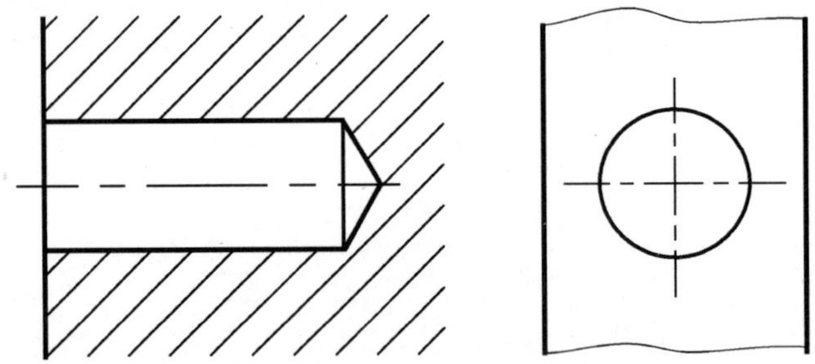

班级：　　　　姓名：　　　　学号：

1. 小轴要求：

ϕ20、ϕ30圆柱表面 $\sqrt{Ra\ 1.6}$ ；右台阶面 $\sqrt{Ra\ 3.2}$ ；

90° 内锥面 $\sqrt{Ra\ 1.6}$ ；其余 $\sqrt{Ra\ 3.2}$ 。

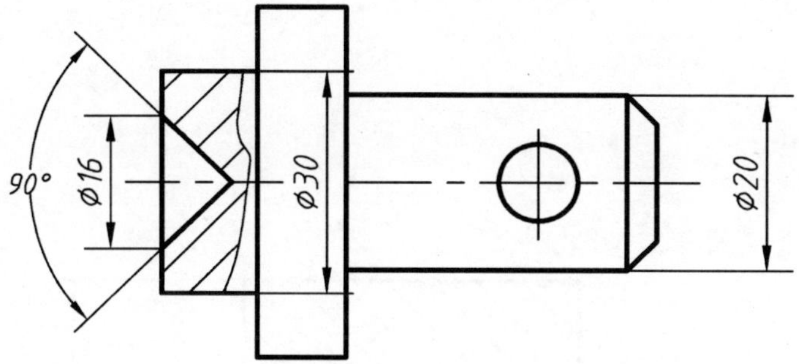

2. 套要求：

左、右端面 $\sqrt{Ra\ 1.6}$ ；小圆柱孔 $\sqrt{Ra\ 0.4}$ ；

大圆柱表面 $\sqrt{Ra\ 3.2}$ ；锥面 $\sqrt{Ra\ 0.8}$ ；

其余 $\sqrt{Ra\ 6.3}$ 。

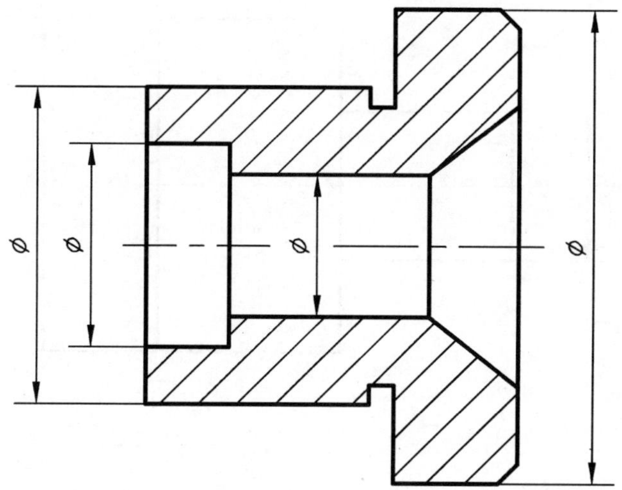

3. 支座要求：

底面 $\sqrt{Ra\ 6.3}$ ；台阶孔各面 $\sqrt{Ra\ 12.5}$ ；

轴孔 $\sqrt{Ra\ 3.2}$ ；其余 $\sqrt{}$ 。

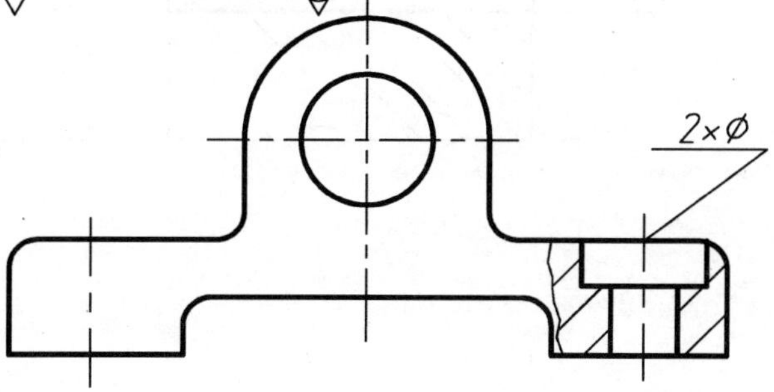

1. 将以下形位公差要求标注在图上:

(1) φ60轴线对 φ30 轴线的同轴度公差为 φ0. 015。

(2) φ60左端面对右端面平行度公差为0. 02。

(3) φ60左端面对 φ30 轴线的端面跳动公差为0. 025。

(4) φ30圆度公差为0. 004, 轴线直线度公差为φ0. 012。

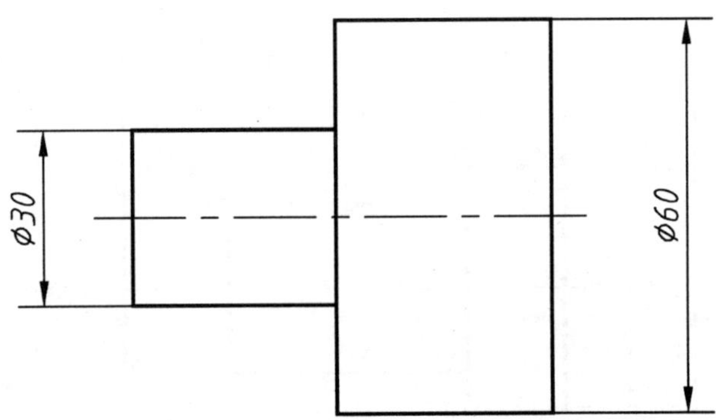

2. 将以下形位公差要求标注在图上:

(1) 外圆柱面的圆柱度公差为0. 04。

(2) 外圆柱面对孔轴线的径向圆跳动公差为0. 04。

(3) 左端面对孔轴线的垂直度公差为0. 01。

(4) 两端面相互平行度公差为0. 02。

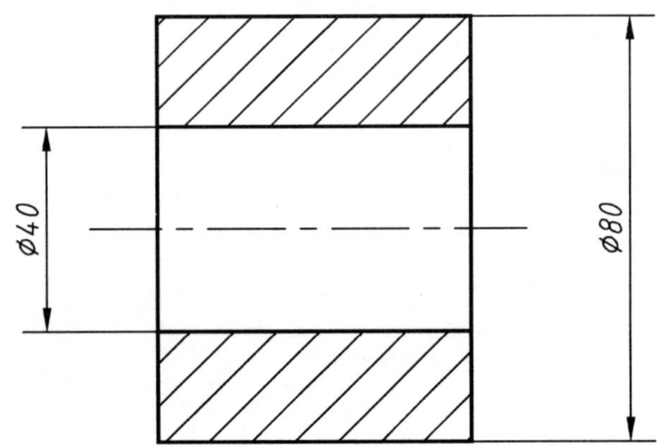

班级：　　姓名：　　学号：

（1）

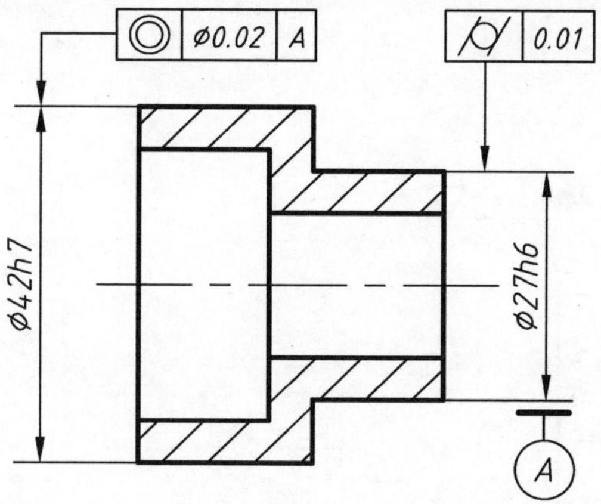

例：被测 ϕ42 外圆的轴线，对 ϕ27 基准轴线A的同轴度公差为 ϕ0.02；被测 ϕ27 外圆的圆柱度公差为0.02。

（2）

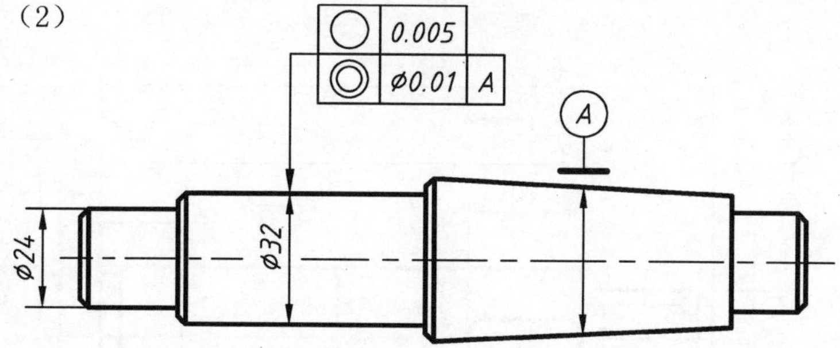

被测______外圆的________公差为________；______外圆的______对圆锥段的______轴线______的________公差为_____。

（3）

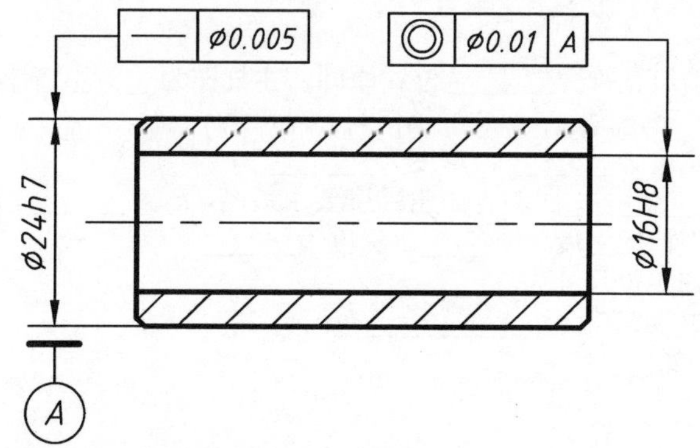

被测_____外圆的______的______公差为_______；______内孔对_____的_____轴线____的_______公差为_________。

（4）

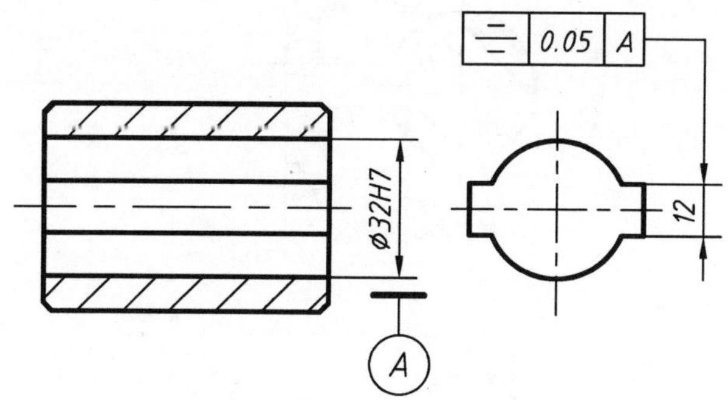

被测_____键槽的__________对______基准中心平面______的_________公差为____。

班级：　　　　姓名：　　　　学号：

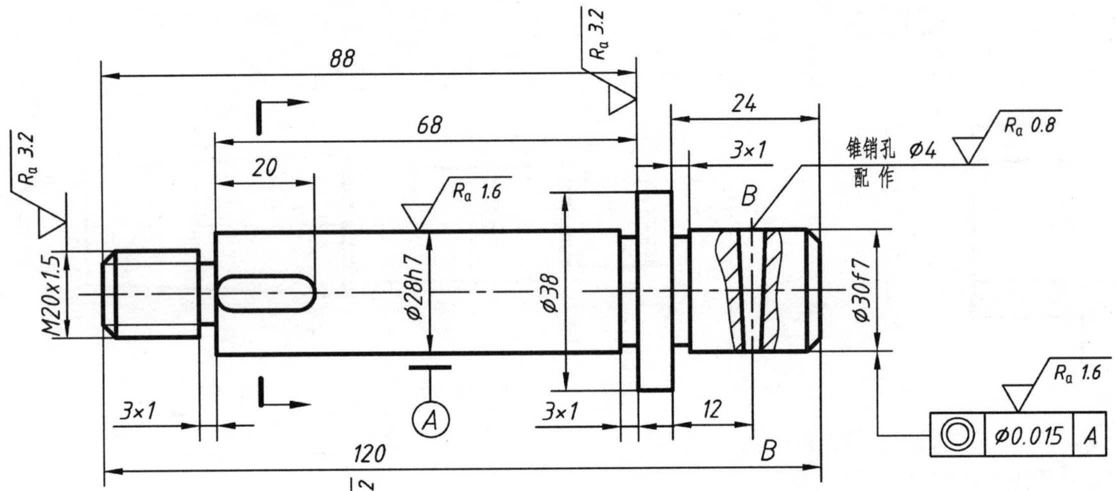

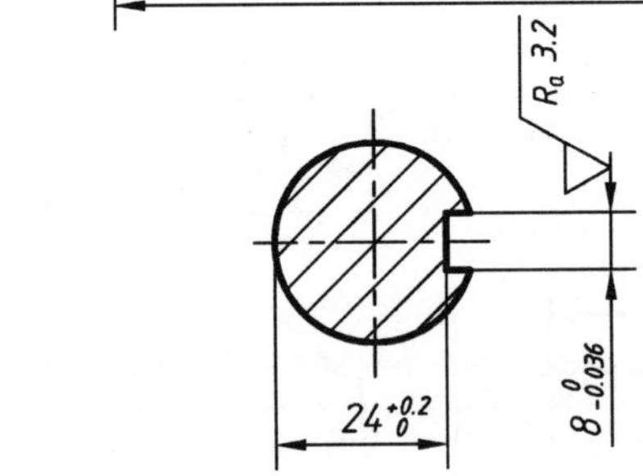

B-B

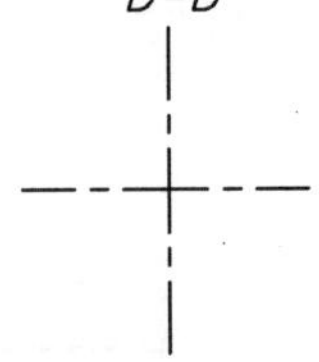

1. 填空题：

（1）此零件的放置符合______位置原则，主视图为______剖视图。

（2）径向尺寸基准为______，轴向尺寸基准为_______。

（3）键槽的宽度为______，深度为_______。

（4）此零件_______面的表面粗糙度要求最高，R_a为_____。

（5）螺纹退刀槽的宽度为_____，深度为_____。

（6）锥销孔的定位尺寸为________。

（7）标题栏中“45”表示__________。

2. 补画B-B断面图。

技术要求

1. 未注倒角C1。
2. 调质230HBS。

R_a 6.3 （√）

设 计			轴	（图 号）	
工 艺				比 例	
审 核			45	（企业名）	

工作任务：测绘轴零件图，绘制套零件图。

工作要求：

（1）比例 1∶1；图幅 A4。
（2）表达方案合理。
（3）投影正确。
（4）尺寸基准选择合理。
（5）技术要求标注规范。
（6）线型、字体规范，符合机械制图国家标准要求。

任务指导：

（1）在选择表达方案时，建议选择加工位置放置，主视图考虑整体形象的朝向作投影方向。

轴类零件主视图可结合作局部剖、平面表示记号等表示方法。套类零件主视图可采用全剖、半剖或局部剖方法。

轴类零件其他视图可用断面图、局部放大图等方法。

套类零件其他视图可用基本视图、剖视图、对称简化画法、相同结构简化画法等方法。

可提出几个表达方案比较选优，然后选出最佳方案进行绘图。

（2）选择径向、轴向尺寸基准。建议径向选择整体轴线为基准；轴向选择重要的台阶面。
（3）技术要求标注采用类比法，参考教材有关图例并在指导老师指导下进行。
（4）量具：游标卡尺、千分尺、钢直尺。
测量数值圆整处理。

1. 一级直齿圆柱齿轮减速器从动轴装配线爆炸图

2. 从动轴三维实体造型

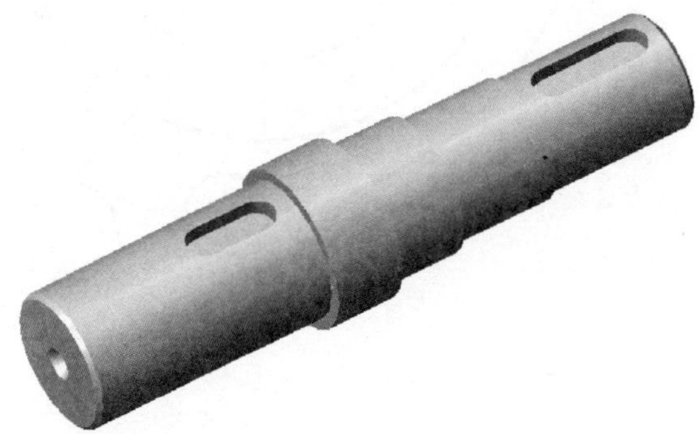

工作任务说明与要求见上页。

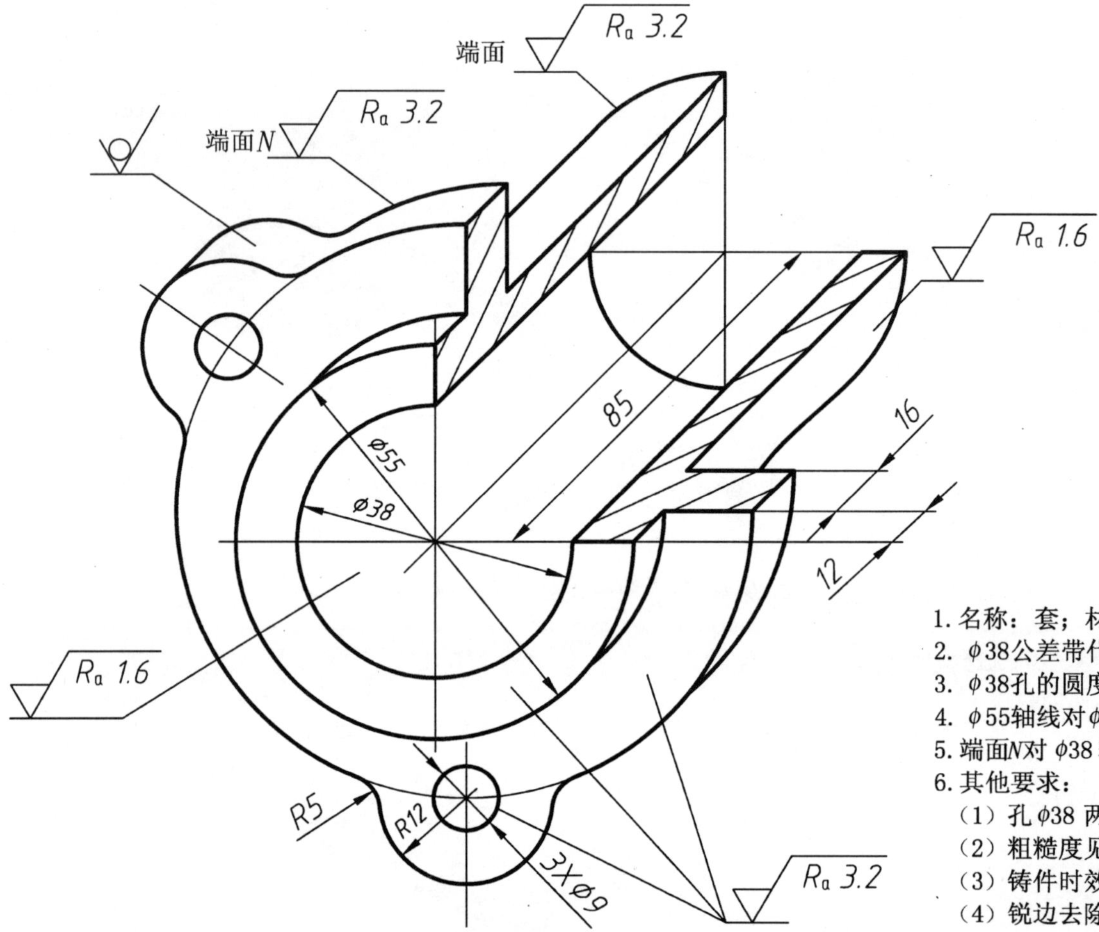

1. 名称：套；材料：HT150。
2. ϕ38公差带代号H7，ϕ55公差带代号m6。
3. ϕ38孔的圆度公差为0.005。
4. ϕ55轴线对ϕ38轴线的同轴度公差为0.01。
5. 端面N对 ϕ38 轴线的圆跳动公差为0.02。
6. 其他要求：
   （1）孔 ϕ38 两端倒角C1，轴 ϕ55 端部倒角C2。
   （2）粗糙度见图所示。
   （3）铸件时效处理。
   （4）锐边去除毛刺。

　　班级：　　姓名：　　学号：

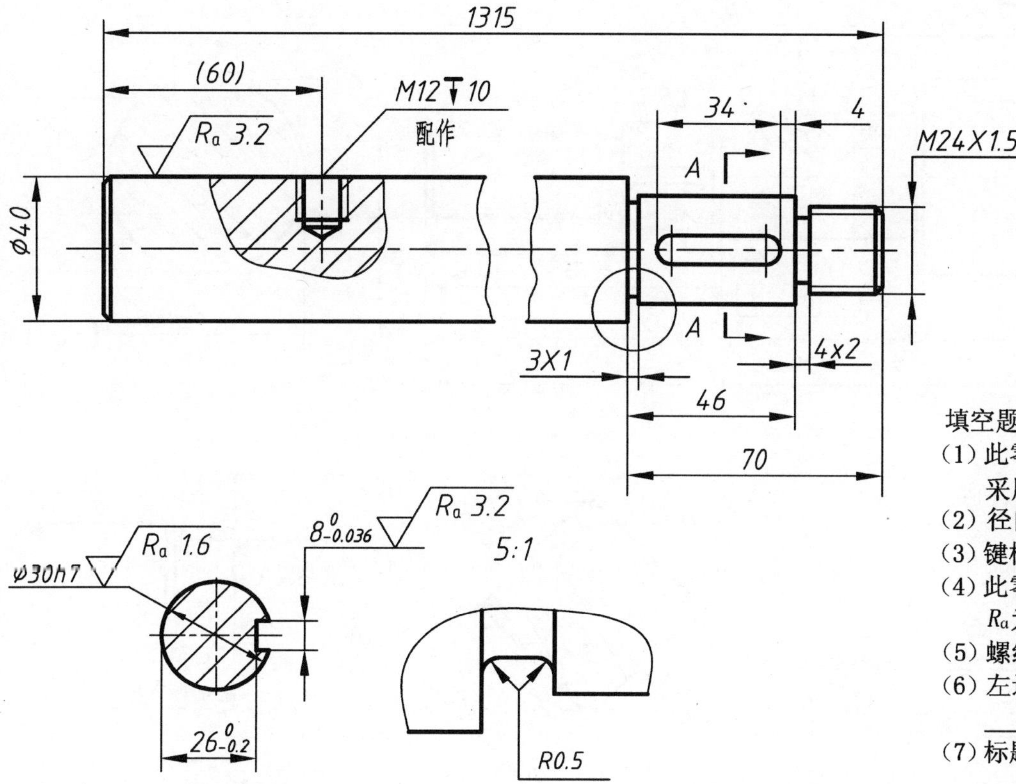

填空题：

(1) 此零件的放置符合______位置原则，主视图采用了________剖视和________画法。

(2) 径向尺寸基准为_____，轴向尺寸基准为______。

(3) 键槽的宽度为_______，深度为_______。

(4) 此零件________面的表面粗糙度要求最高，R_a为___________。

(5) 螺纹退刀槽的宽度为______，深度为____。

(6) 左边的螺纹孔为普通_______牙螺纹，大径为______，有效深度为______。

(7) 标题栏中“45”表示__________。

技术要求

未注倒角C1。

$\sqrt{R_a\ 6.3}\ (\sqrt{})$

设计			搅拌轴	（图号）	
工艺				比例 1:2	
审核			45	（企业名）	

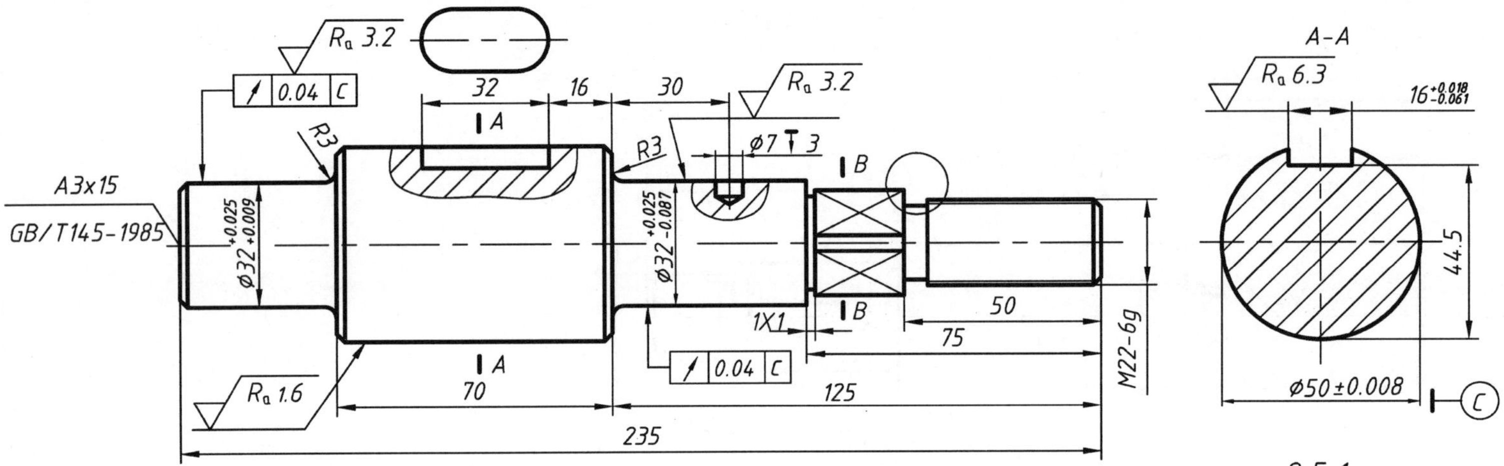

技术要求

1. 除螺纹表面外其他部位表面均为45-50HRC。
2. 表面处理：发蓝。
3. 未注倒角C2。

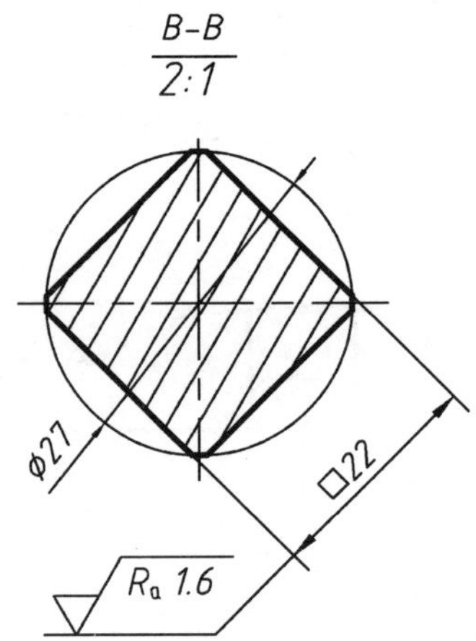

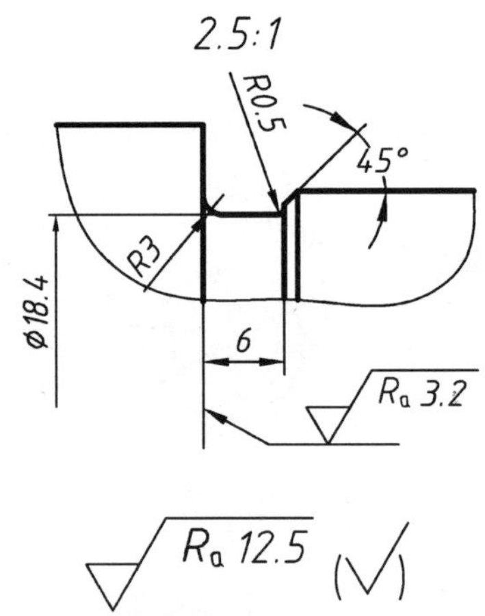

填空题：

(1) 该零件图采用的表达方法有________________。

(2) 靠右侧的两处斜交细实线是________符号。

(3) 键槽的定位尺寸是_____；长度_____；宽度____；深度______。

(4) 说明尺寸C2中C表示_______；2表示_______；□22中22表示______；ϕ7 ↧3中的ϕ7表示_____；↧3表示_____。

(5) M22-6g中，M22表示______；6g表示_______。

(6) [↗ | 0.04 | C] 表示_______两圆柱面对______轴线的_____公差为______。

设 计			主 动 轴	（图 号）	
工 艺				比 例	1:1
审 核			45	（企业名）	

班级：　　　　姓名：　　　　学号：

任务 4-1　用单一剖切平面，将主视图画成全剖视图

1.

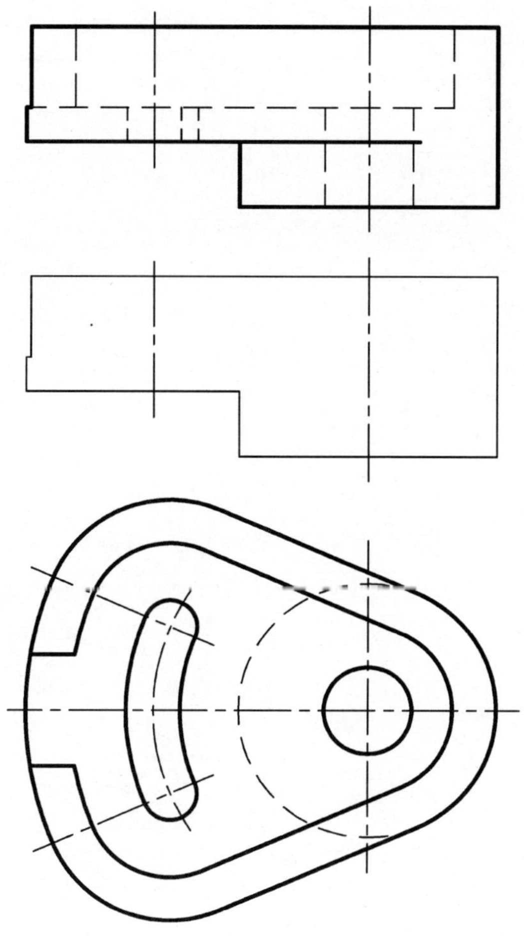

2.

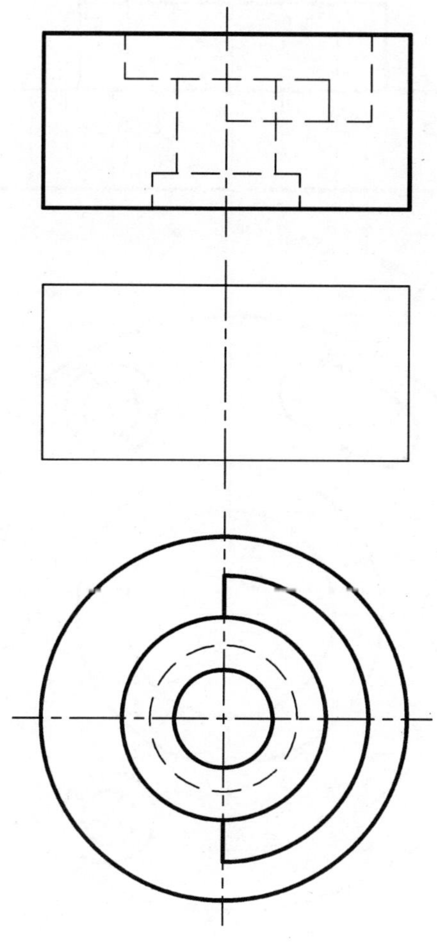

班级：　　　　姓名：　　　　学号：

任务 4-2　用单一剖切平面，绘制 *A-A*、*B-B* 全剖视图

（基础理论训练：参考教材第 94～96 页）

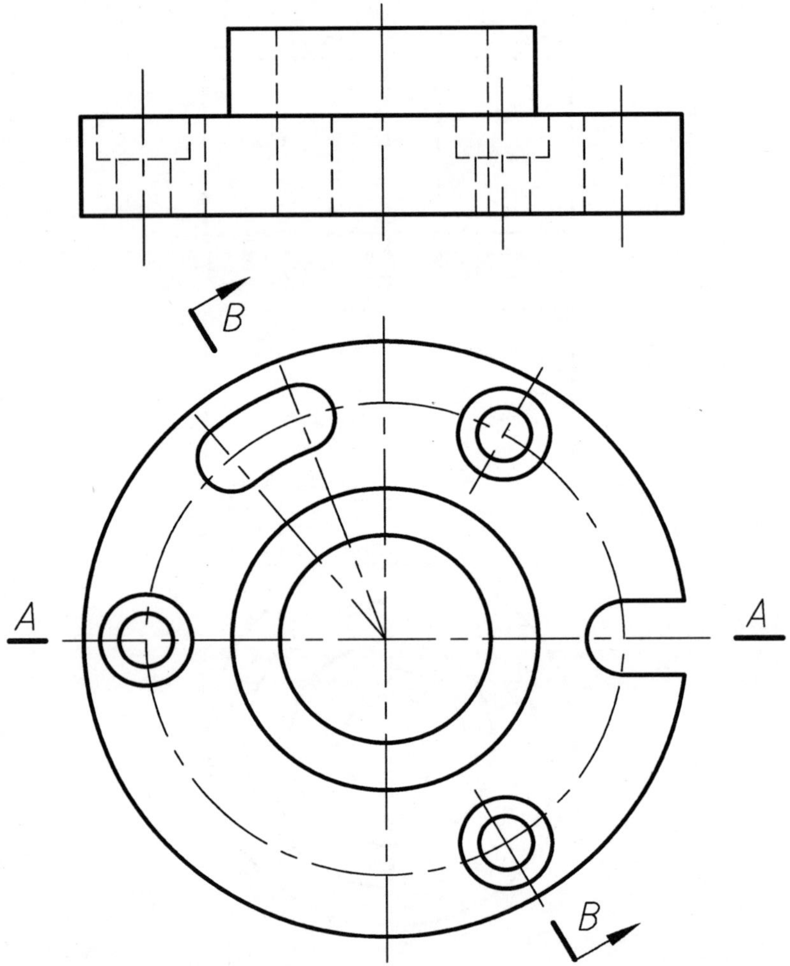

班级：　　　　姓名：　　　　学号：

任务 4-3　用单一剖切平面，绘制 *A-A*、*B-B* 全剖视图

（基础理论训练：参考教材第 94～96 页）

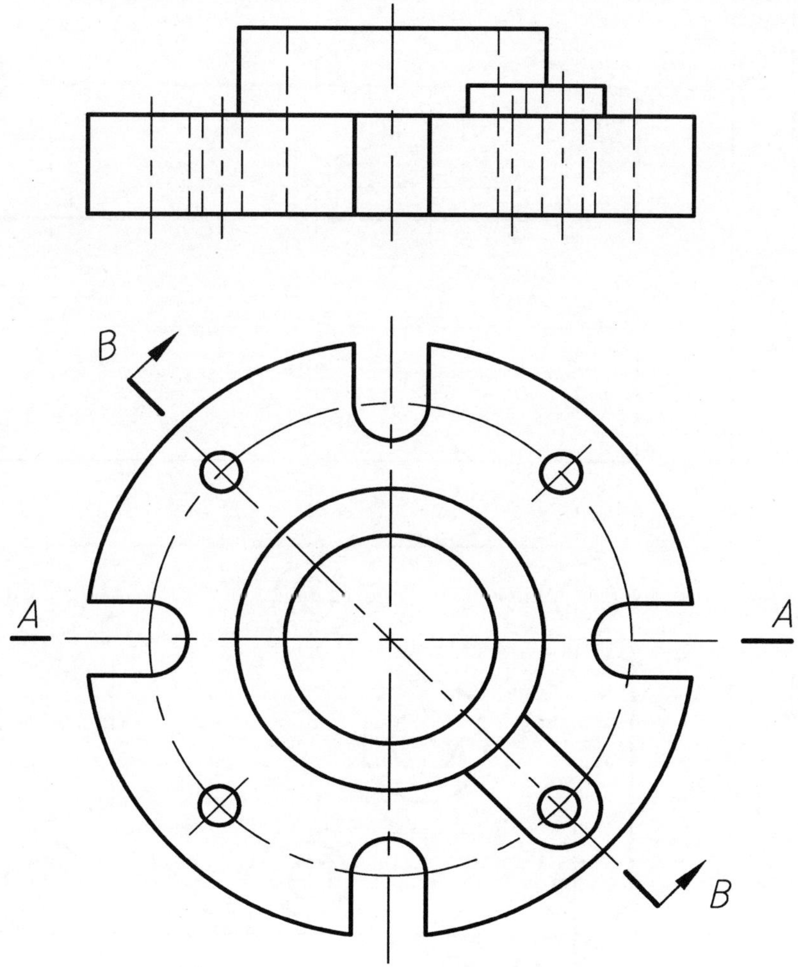

班级：　　　　　　姓名：　　　　　　学号：

任务 4-4　用几个平行的剖切面，将主视图改画为全剖视图

（基础理论训练：参考教材第 96～97 页）

1.

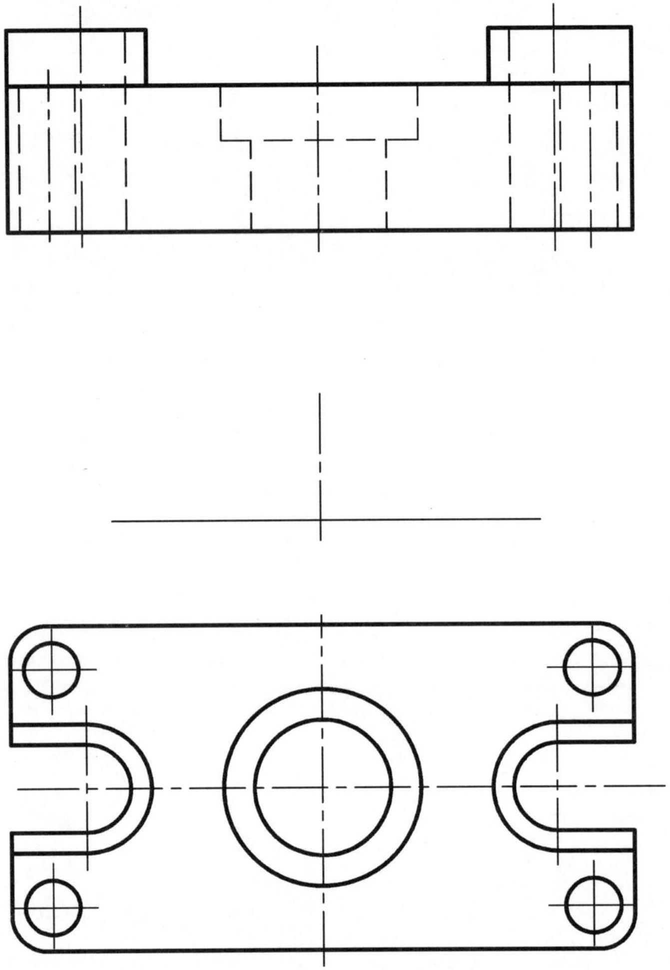

2.

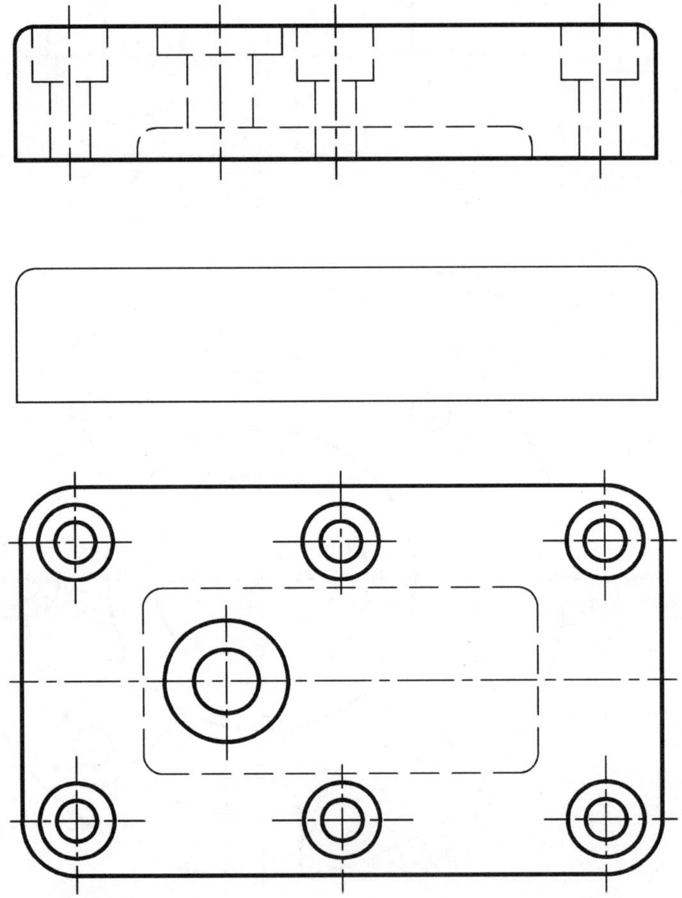

班级：　　　　　　姓名：　　　　　　学号：

任务 4-5　用几个平行的剖切面，将主视图改画为全剖视图

（基础理论训练：参考教材第 96～97 页）

1.

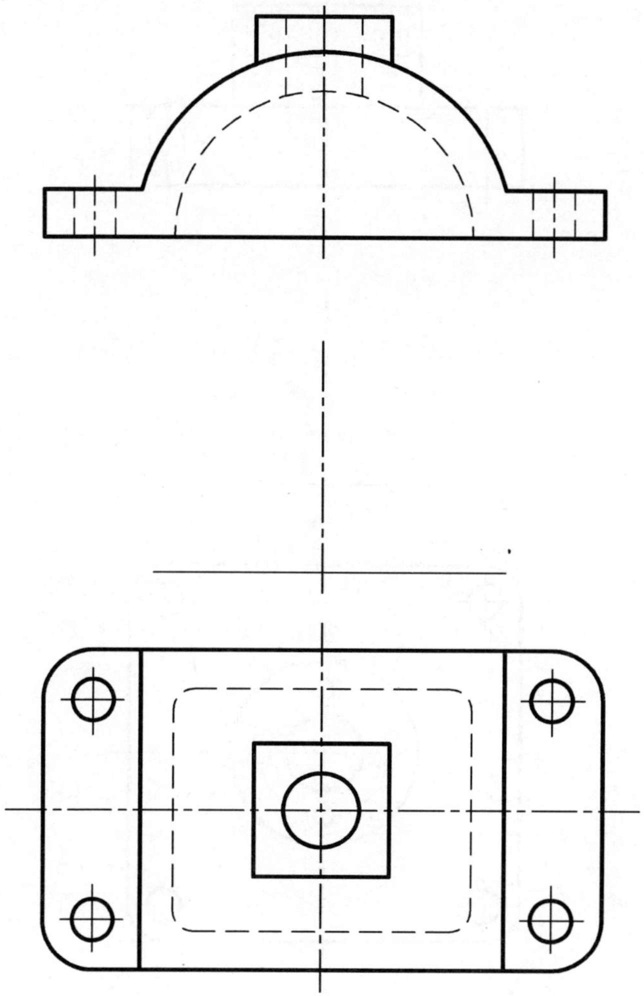

2.

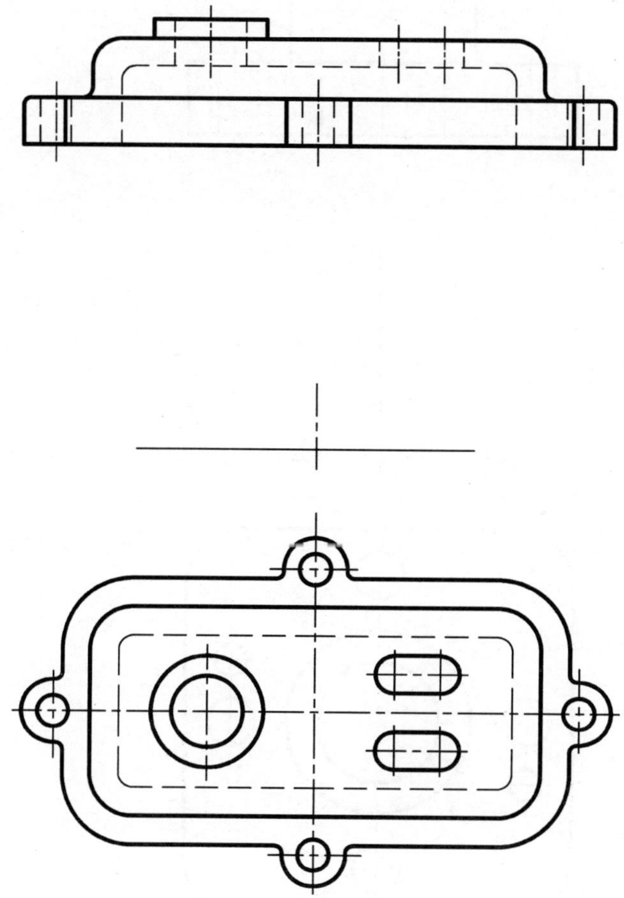

班级：　　　　　　姓名：　　　　　　学号：

1.

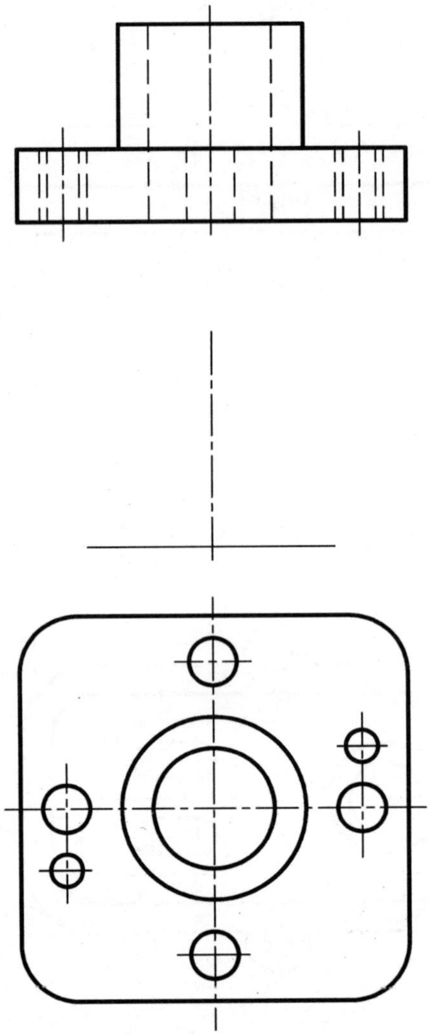

2.

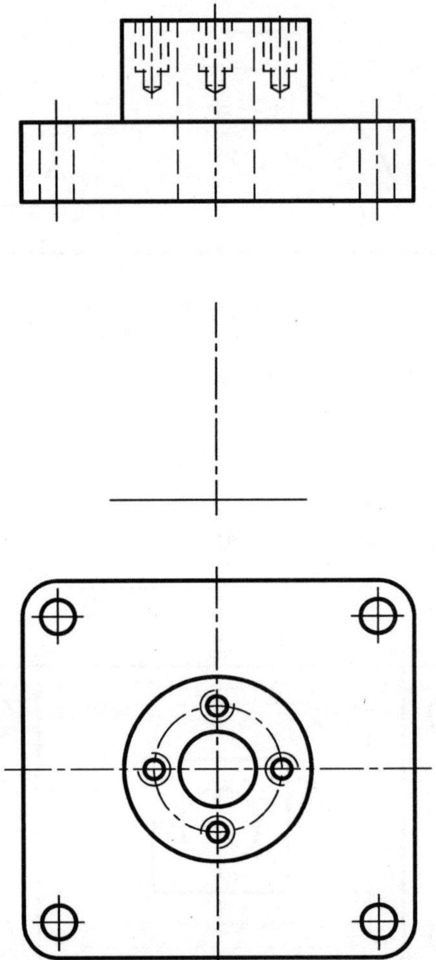

班级：　　　　姓名：　　　　学号：

任务 4-7 用几个相交的剖切面，将主视图改画为全剖视图

（基础理论训练：参考教材第 97～98 页）

1.

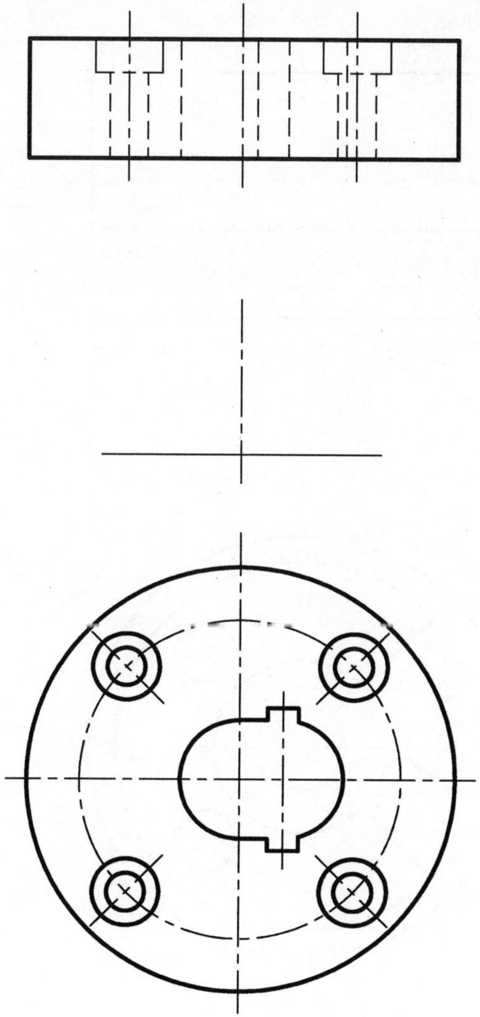

2.

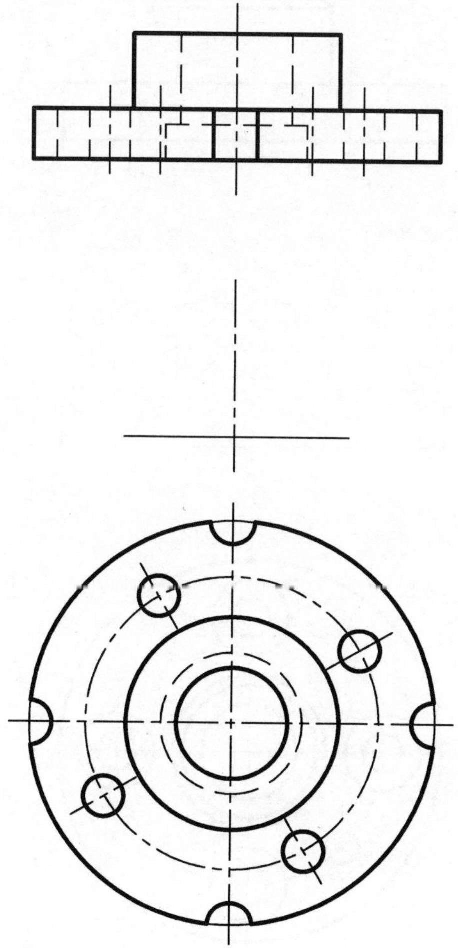

班级： 姓名： 学号：

任务 4-8　用几个相交的剖切面，画出全剖主视图

（基础理论训练：参考教材第 97～98 页）

1.

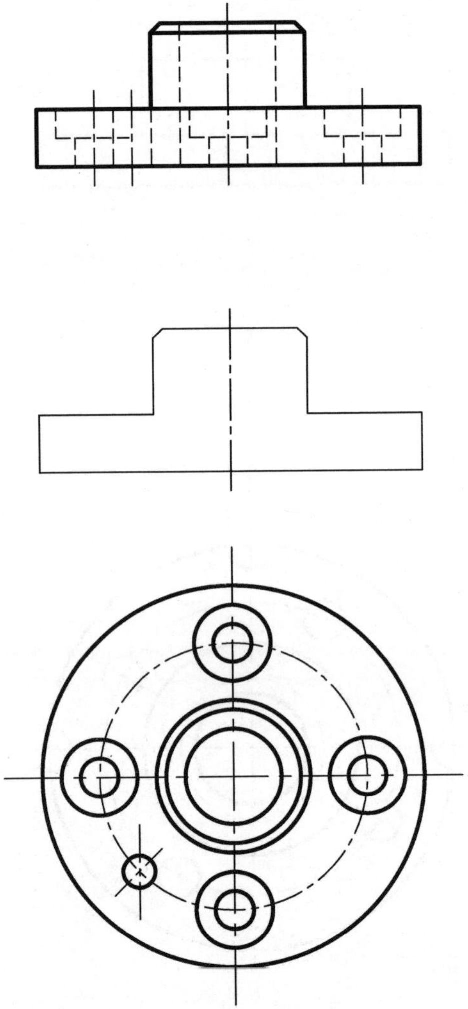

2.

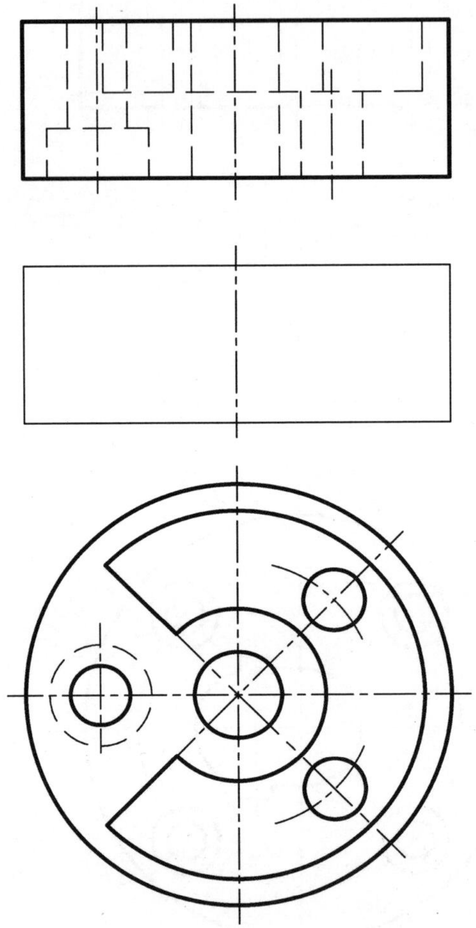

班级：　　　　姓名：　　　　学号：

任务 4-9　用复合剖切的方法，画出全剖主视图

（基础理论训练：参考教材第 98～99 页）

1.

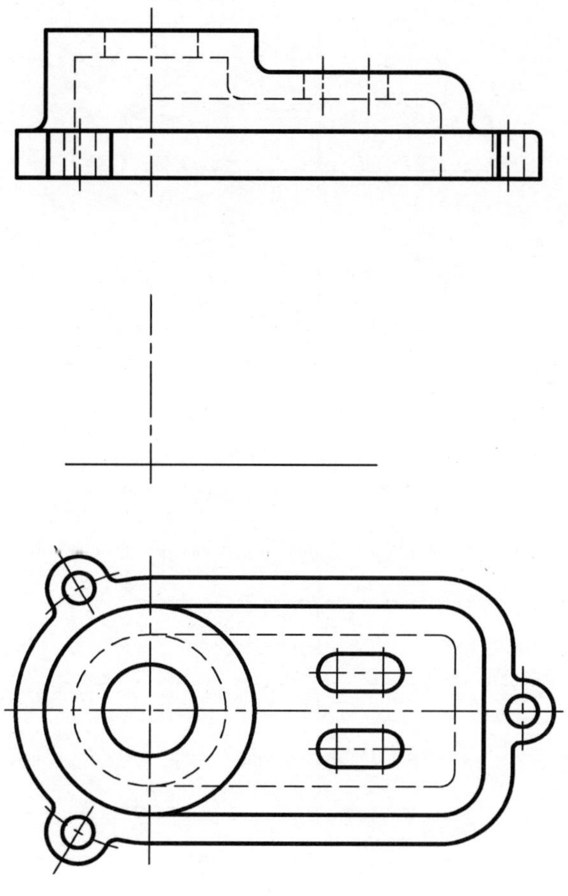

2.

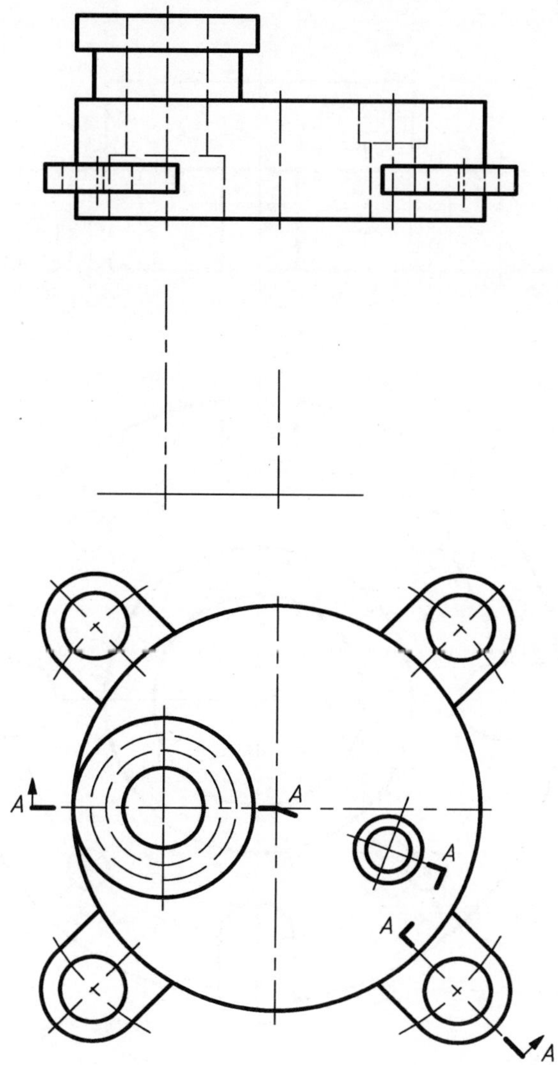

班级：　　　　　　　　姓名：　　　　　　　　学号：

任务 4-10　在指定位置用适当的剖切方法将主视图改画成全剖视图，并将俯视图改画成局部剖视图

（基础理论训练：参考教材第 99～100、105～106 页）

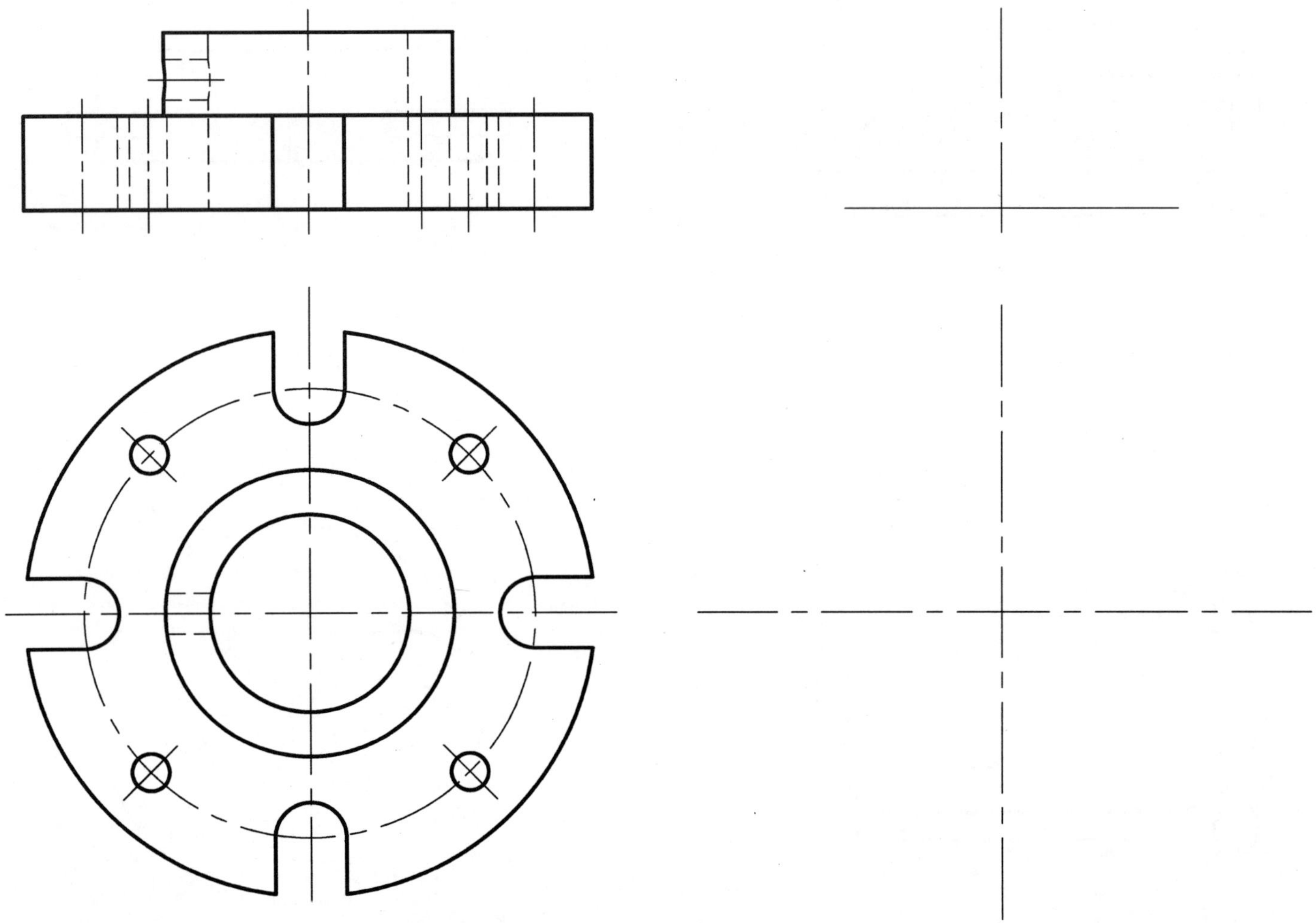

班级：　　　　　　　　姓名：　　　　　　　　学号：

项目4 盘盖轮类零件 任务4-11 在指定位置用适当的剖切方法将主、俯视图改画成剖视图（基础理论训练：参考教材第99～100、105～106页）

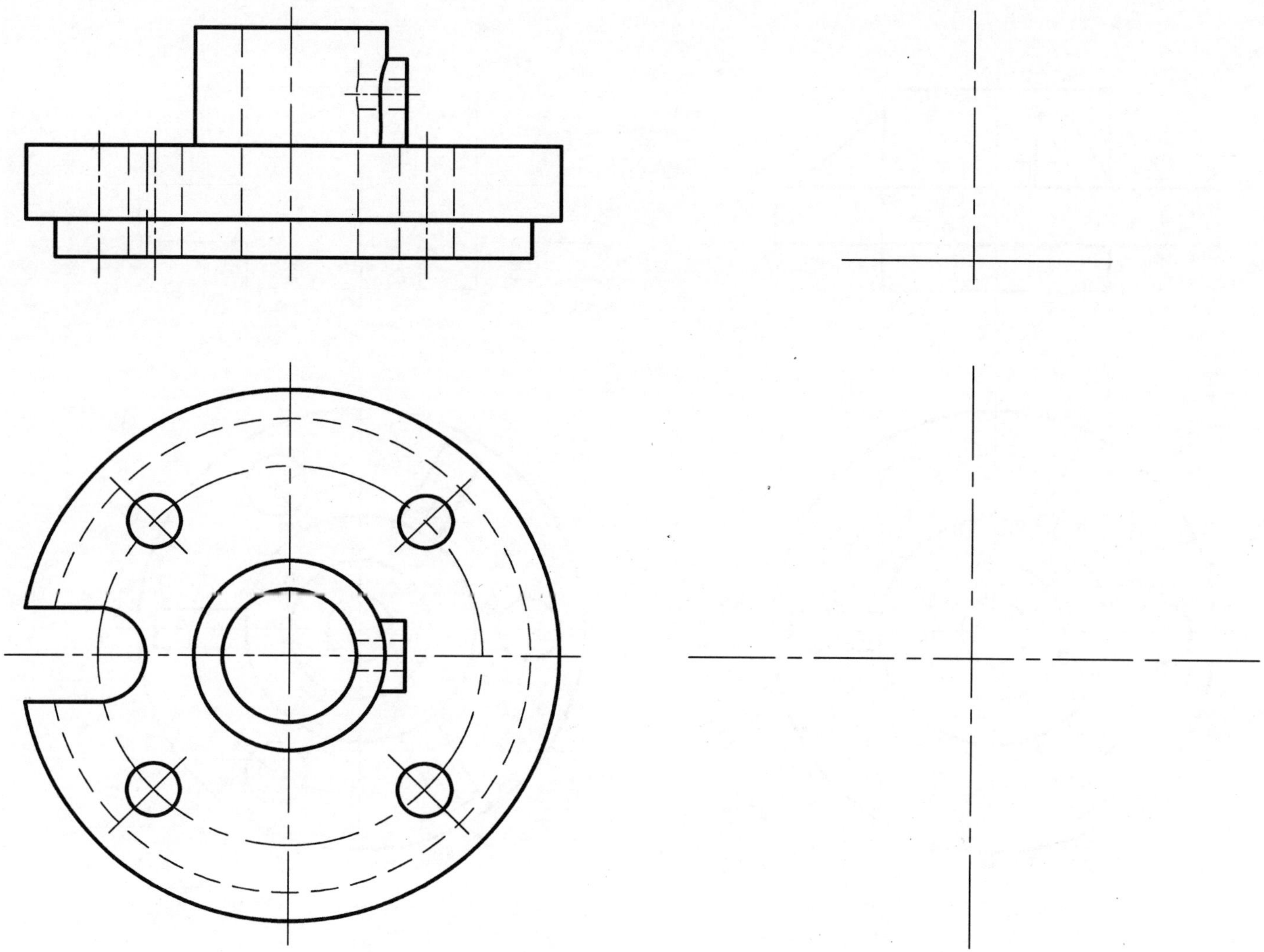

班级： 姓名： 学号：

任务 4-12　用简化画法将主视图画成全剖视图

（**基础理论训练**：参考教材第 101～104 页）

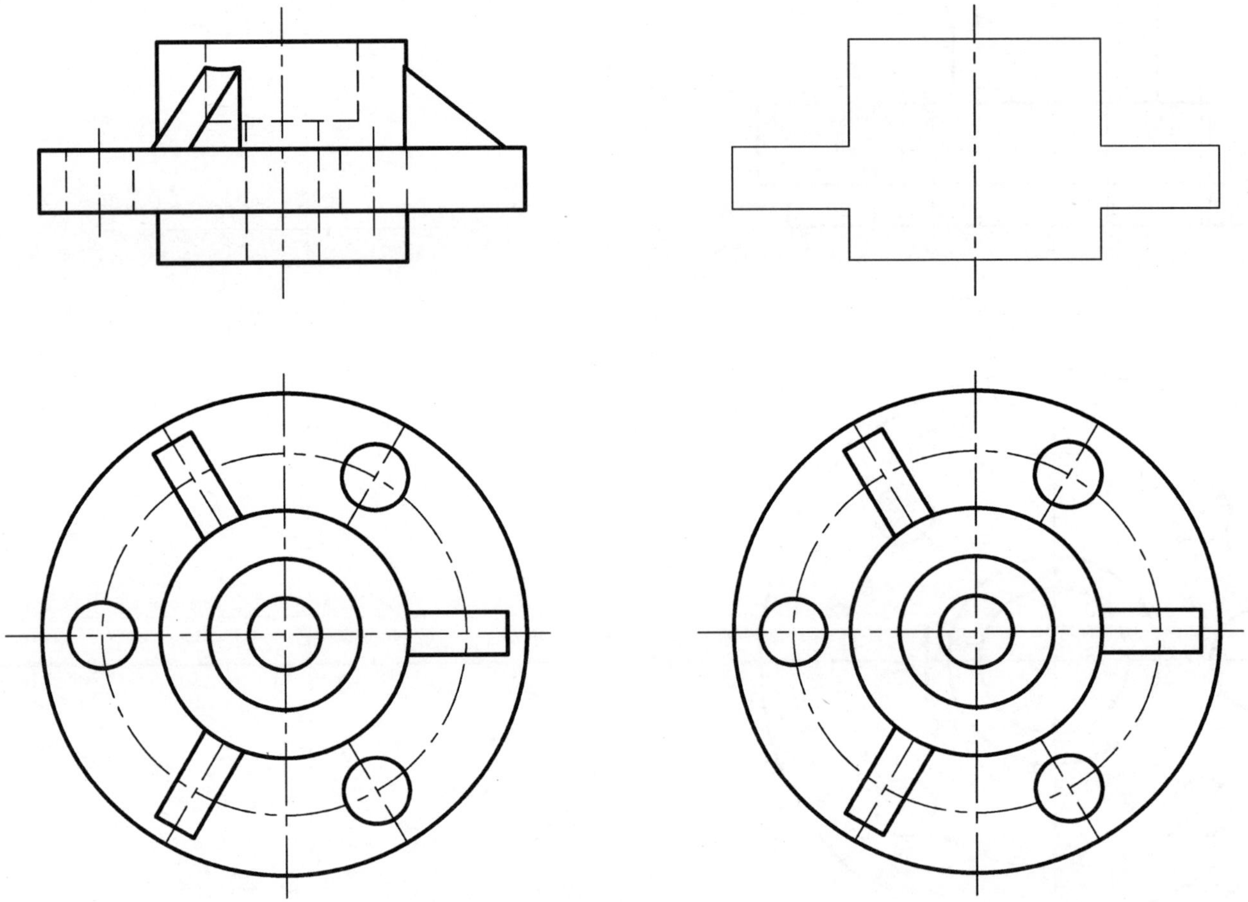

班级：　　　　姓名：　　　　学号：

项目 4　**盘盖轮类零件**　任务 4-13　用简化画法将主视图画成全剖视图，并将俯视图改画成对称画法（**基础理论训练**：参考教材第 101～104 页）

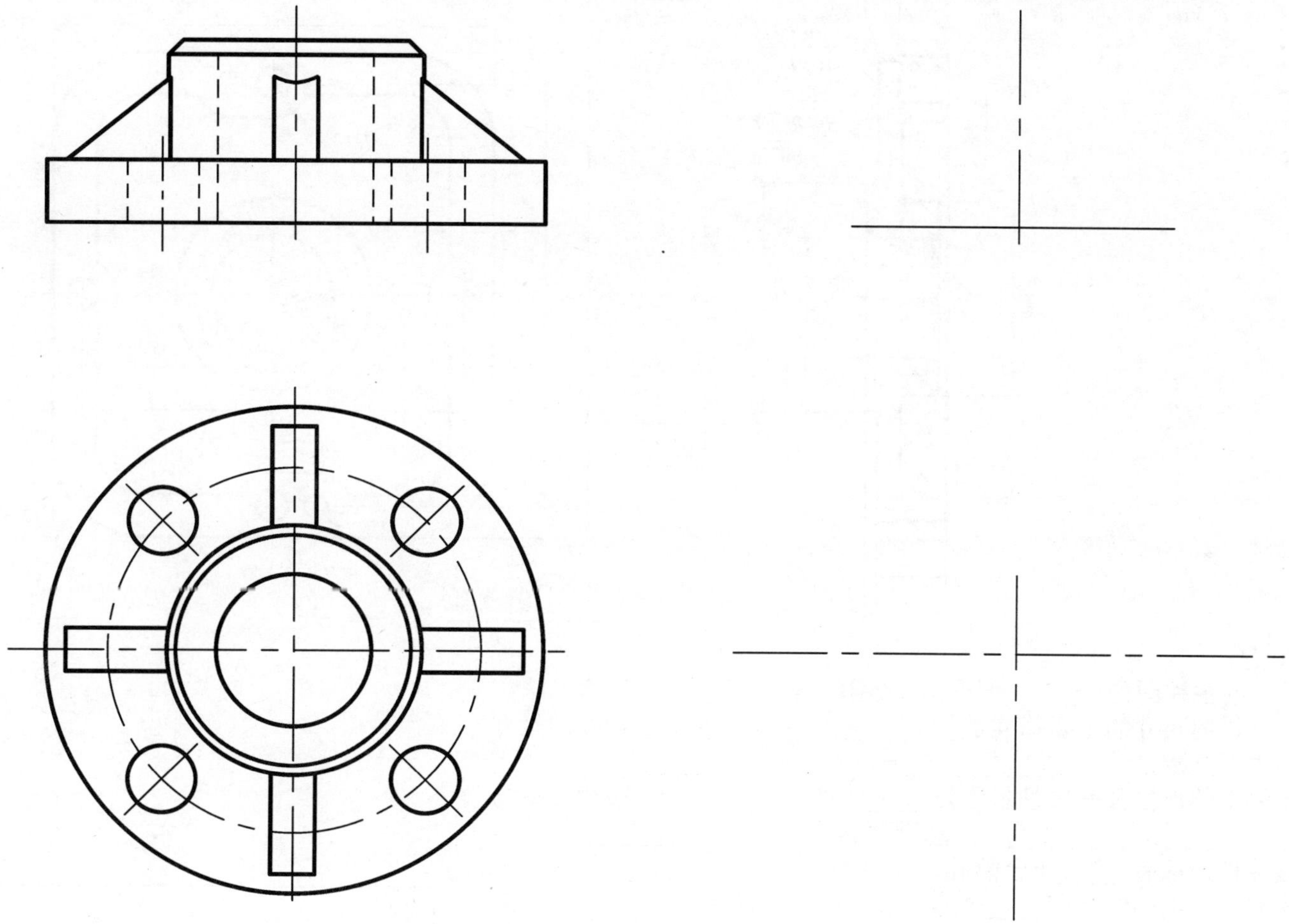

班级：　　　　　　　　　　姓名：　　　　　　　　　　学号：

1. 作图题：画出C-C全剖视图。

C—C

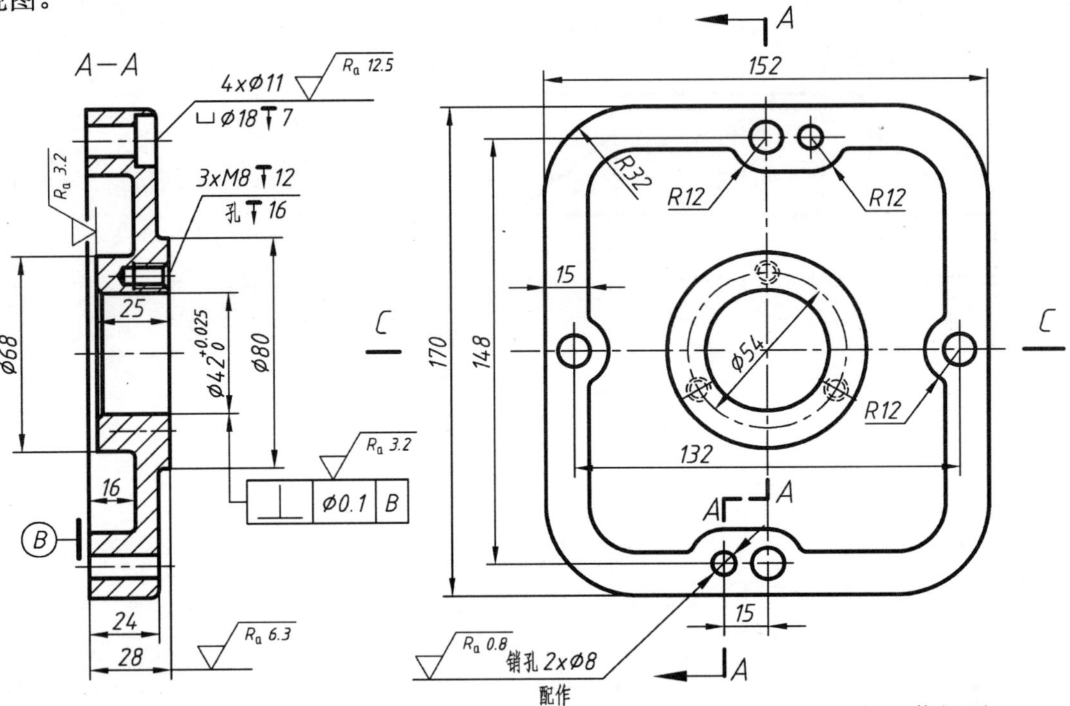

2. 填空题：

（1）零件的主视图是 ______剖视图，采用的是__________剖切方法。

（2）零件轴向尺寸的主要基准是____________________，径向尺寸的主要基准是____________________。

（3）零件上的形位公差项目名称为________________，被测要素为________________，基准要素为________________。

（4）该零件边缘有______个台阶孔，尺寸为 ____________。

（5）该零件右端凸缘上有____个螺纹孔，公称尺寸是 ________，螺纹长度是______。

（6）该零件____________面粗糙度要求最高，粗糙度值是________ 。

技术要求

1. 未注铸造圆角均为$R2$~$R3$。
2. 未注孔口倒角均为$C2$。

(√)

设 计			方 盖	(图 号)	
工 艺				比 例	
审 核			HT150	(企业名)	

　　班级：　　姓名：　　学号：

1. 作图题：画出C-C半剖视图。

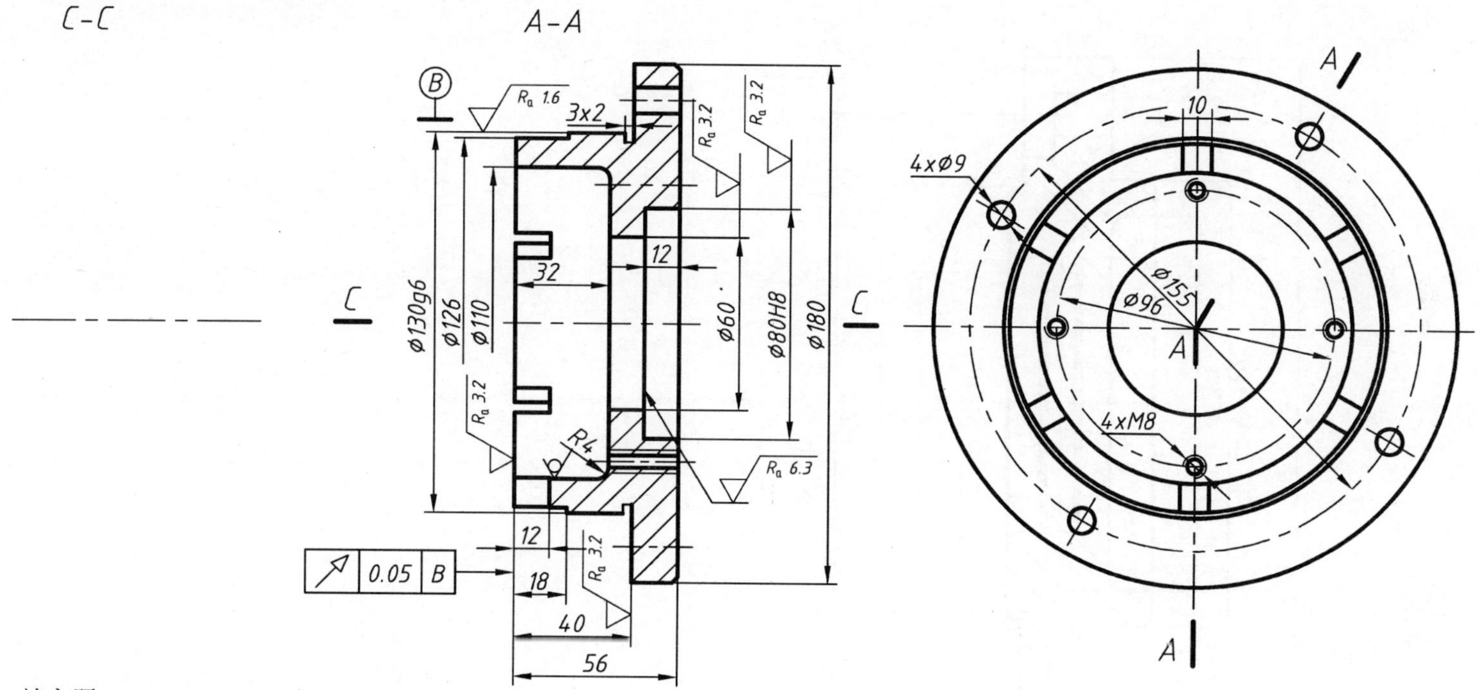

2. 填空题：

（1）零件的主视图是 ______剖视图，采用的是______________剖切方法。

（2）零件上的形位公差项目名称为____________________，被测要素为______________________，基准要素为__________________________。

（3）该零件上螺纹孔有___个，属于普通 ____（粗、细）牙螺纹，公称尺寸是 ________。

（4）零件上的砂轮越程槽的槽宽为______，槽深为________。

（5）孔 ϕ80H8基本尺寸为________，公差等级为____级，基本偏差代号为________，上偏差为_______，下偏差为_______，公差为______。

技术要求

未注孔口倒角C2。

$\sqrt{Ra\ 12.5}$ （√）

设 计			端 盖	（图 号）	
工 艺				比 例	
审 核			HT150	（企业名）	

1. 作图题：画出该零件的左视图。

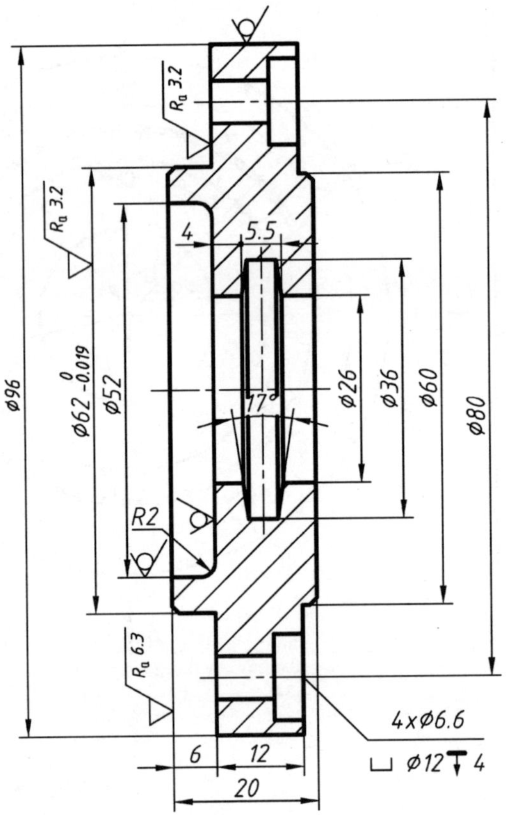

技术要求
未注倒角C1。

$\sqrt{R_a\ 12.5}$ (√)

2. 填空题：

(1) 零件的主视图是 ______剖视图。

(2) 零件轴向尺寸的主要基准是______________________，径向尺寸的主要基准是______________________________。

(3) 该零件边缘有_____个沉孔，尺寸为 ____________。

(4) 该零件___________面粗糙度要求最高，粗糙度值是_____ 。

设 计			端 盖	（图 号）	
工 艺				比 例	1:1
审 核			HT150	（企业名）	

班级：　　　姓名：　　　学号：

1. 作图题：在指定位置把主视图改画成A-A全剖视图。

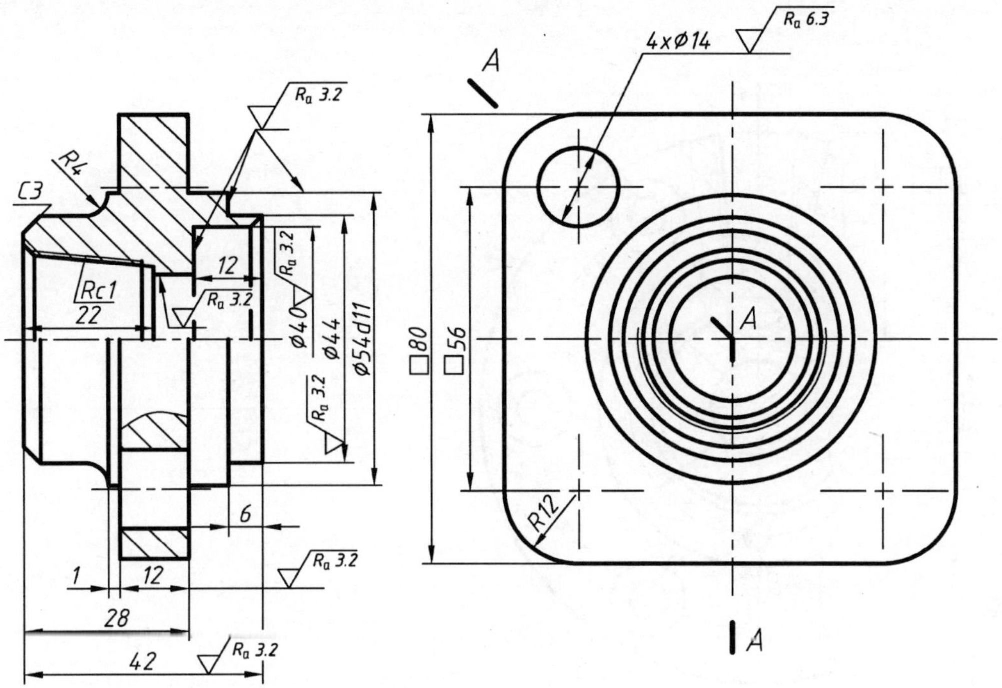

A-A

2. 填空题：

（1）该零件共采用了________个视图，主视图采用了________剖和________剖方法。

（2）该零件边缘分布有________个孔，其定位尺寸为__________、__________。

（3）尺寸C3中的C表示______________；3表示______________。

（4）φ54d11的外圆直径，尺寸最大可加工成______________，最小可加工成________，公差为________，公差带代号为______，基本偏差代号为______。

（6）符号 ∇ Ra 1.6 表示该表面用__________方法获得，其单位为________。

技术要求

1. 铸件不得有砂眼、裂纹等缺陷；
2. 锐边倒钝，孔口倒角为C1.5。

√(√)

设 计			阀 盖	(图 号)	
工 艺				比 例	
审 核			HT150	(企业名)	

班级：　　　　姓名：　　　　学号：

1. 作图题：在指定位置画出该零件的俯视图（虚线不画）。

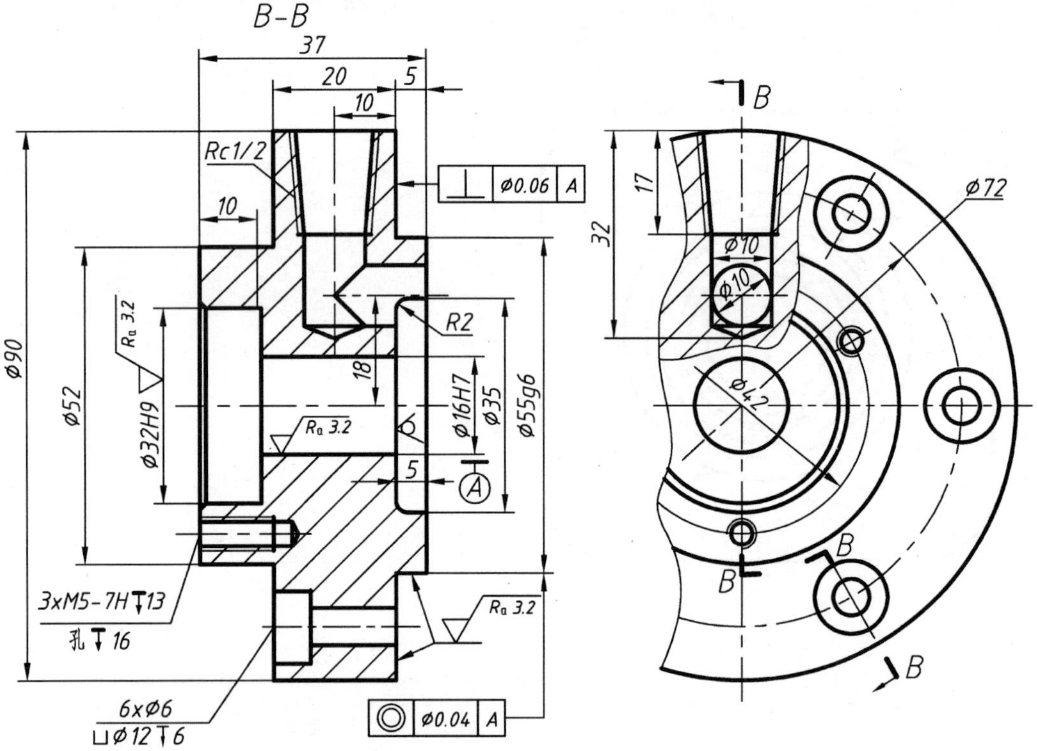

2. 填空题：

（1）零件的主视图是__________剖视图，采用______________的剖切平面。

（2）零件的长度方向尺寸的主要基准在___侧，是直径为_____圆柱体的____端面。

（3）零件上有____处形位公差，它们的名称是_____度和_____度，基准是_____。

（4）该零件左端面凸缘有____个螺纹孔，公称尺寸是_____，螺纹长度是_______。

（5）该零件左端面有_______个沉孔，尺寸是_________________ 。

技术要求

1. 铸件不得有砂眼、裂纹等缺陷；
2. 未注倒角C1.5。

Ra 12.5 （√）

设计			圆盖	（图号）	
工艺				比例	
审核			HT150	（企业名）	

工作任务：测绘泵盖，绘制泵盖零件图。

工作要求：

（1）比例1∶1；图幅A4。
（2）表达方案合理。
（3）投影正确。
（4）尺寸基准选择合理。
（5）技术要求标注规范。
（6）线型、字体规范，符合机械制图国家标准要求。

任务指导：

（1）在选择表达方案时，建议选择工作位置放置，主视图考虑整体形象的朝向作投影方向。

盘盖类零件主视图可采用旋转全剖、半剖或局部剖方法。

盘盖类零件的其他视图一般为左（右）视图，主要表达各种孔的分布状态，同时也表达主体结构的形状特征。

可提出几个表达方案比较选优，然后选出最佳方案绘图。

（2）选择径向、轴向尺寸基准。建议径向选择整体轴线为基准；轴向选择重要的端面。
（3）技术要求标注采用类比法，参考教材有关图例并在指导老师的指导下进行。
（4）量具：游标卡尺、千分尺、钢直尺。
测量数值圆整处理。

泵盖三维实体造型

1. 作图题：作出该零件的右视图（另附纸）。

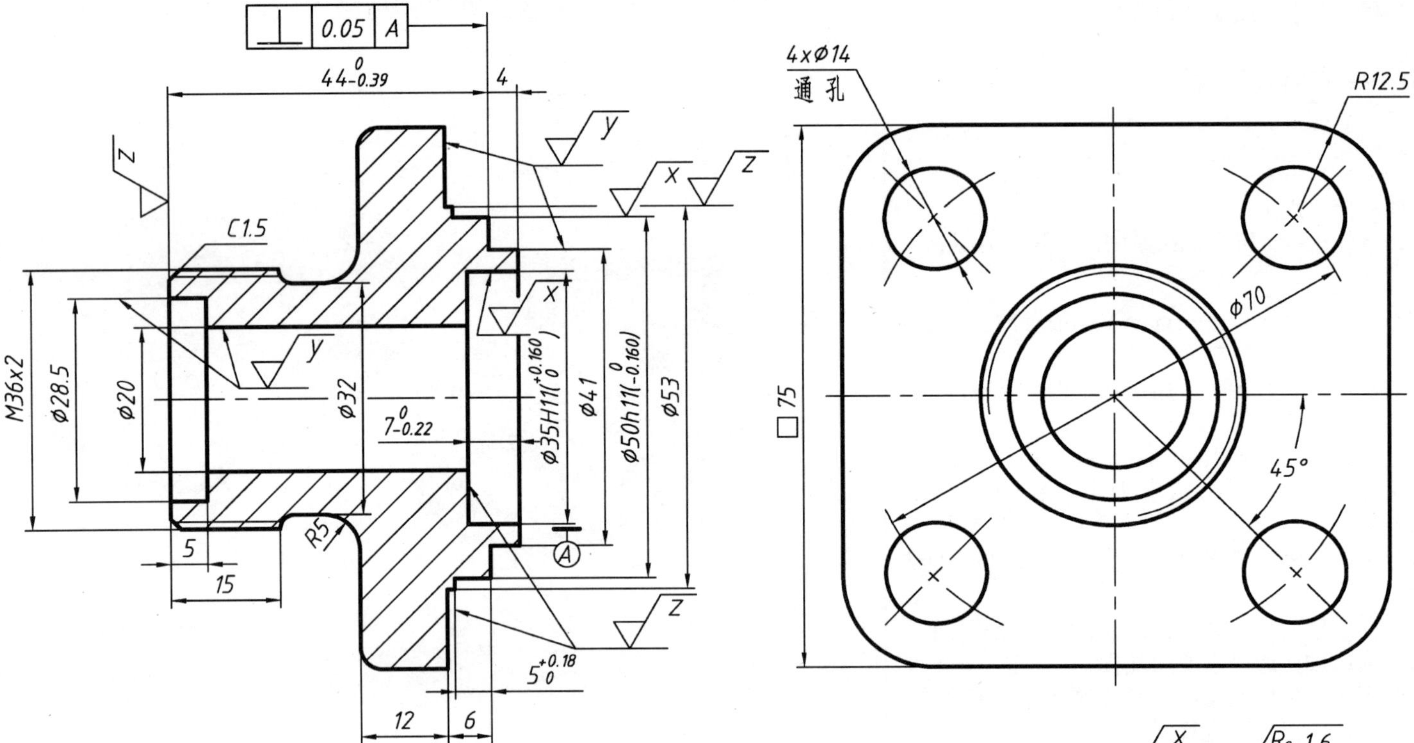

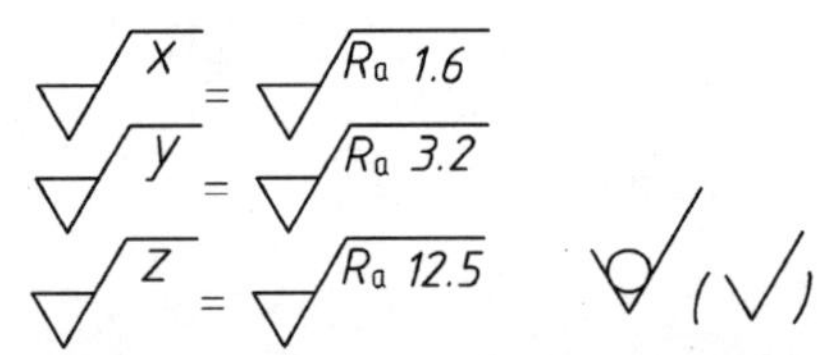

2. 填空题：

（1）主视图采用________剖视图。

（2）孔φ35h11的上偏差为______，下偏差为______，公差为______。

（3）⊥ 0.05 A 表示________对________的________公差为______。

（4）本图中表面粗糙度最高的是____________，R_a值为______。

（5）零件图上长度方向的尺寸基准是______，径向的尺寸基准是______。

（6）M36×2的含义为__________。

设计			端　盖	（图号）	
工艺				比例	1:1
审核			HT200	（企业名）	

班级：　　　　姓名：　　　　学号：

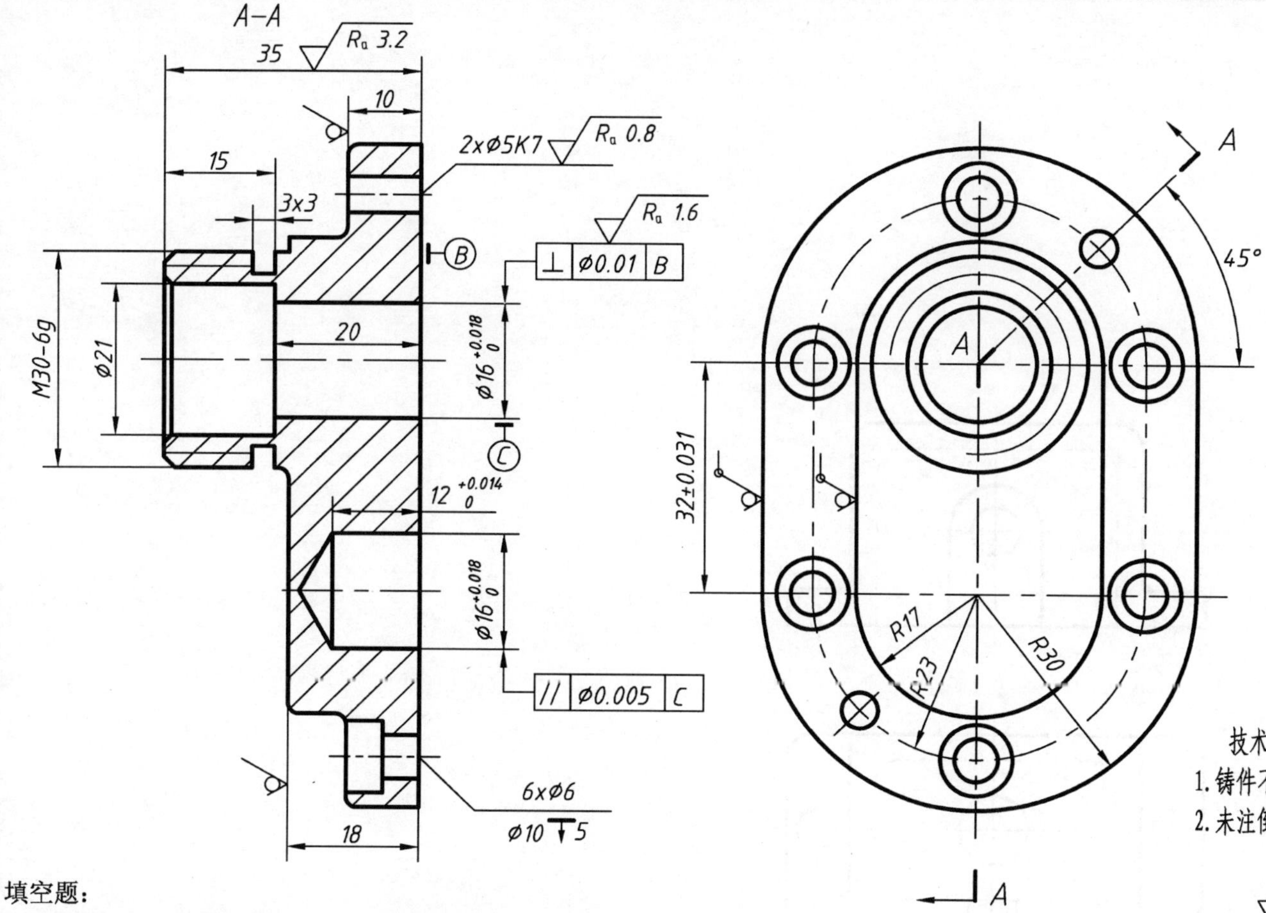

技术要求

1. 铸件不得有砂眼、裂纹；
2. 未注倒角C1，未注圆角R1～R2。

Ra 12.5 （√）

填空题：

1. 零件的主视图采用_________的剖切平面剖切后获得。
2. 零件长度方向的主要尺寸基准在____侧，是零件的_______端面。
3. 零件上有____处形位公差，名称是_____度和_____度，基准分别是______和_____。
4. 该零件上有____个销孔，尺寸是______；有________个沉孔，尺寸是_________。
5. 尺寸 $\phi 16^{+0.018}_{0}$ 的最大极限尺寸是________，其公差带代号是_____________。

设 计			泵 盖	（图 号）	
工 艺				比 例	1:1
审 核			HT150	（企业名）	

任务 5-1　根据主、俯视图，补画左、右、仰、后视图

（基础理论训练：参考教材第 109～110 页）

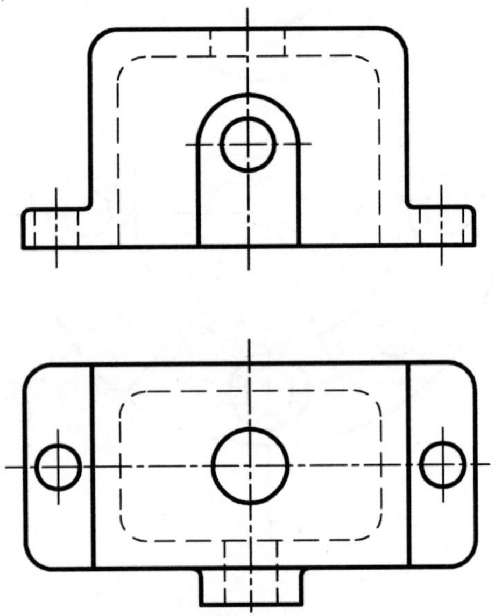

班级：　　　　姓名：　　　　学号：

任务5-2　根据主、俯视图及投影方向，在指定位置画出其向视图　（基础理论训练：参考教材第110～111页）

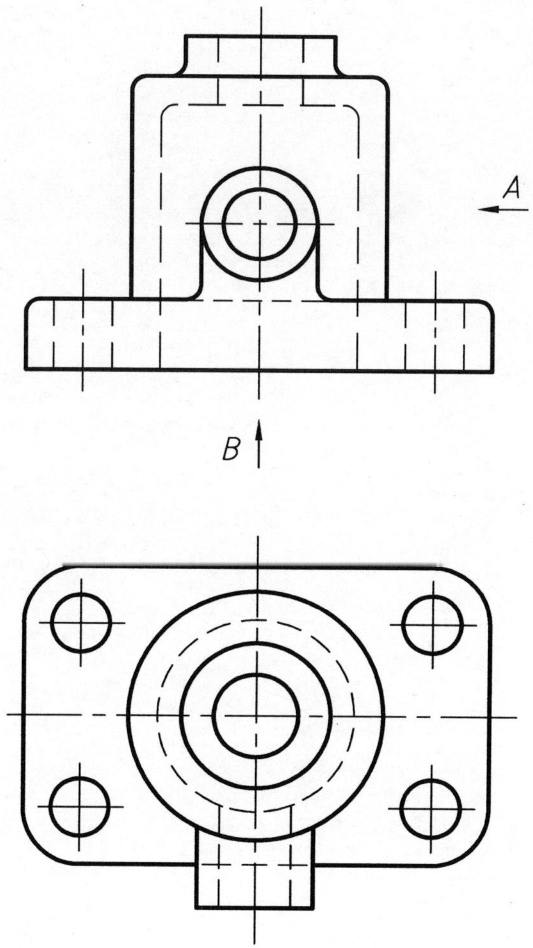

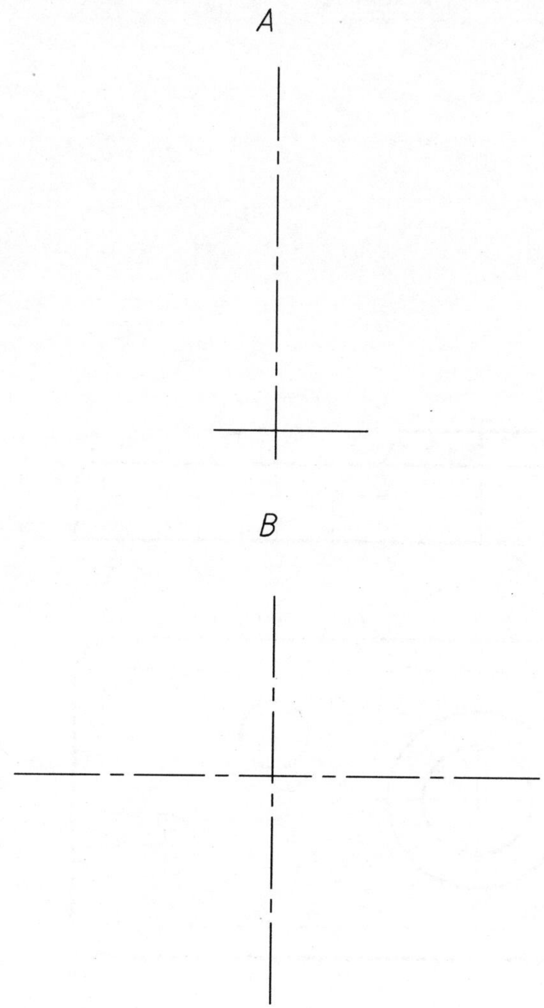

班级：　　　　姓名：　　　　学号：

任务 5-3　根据主、俯视图，补画仰、左视图

（基础理论训练：参考教材第 109～110 页）

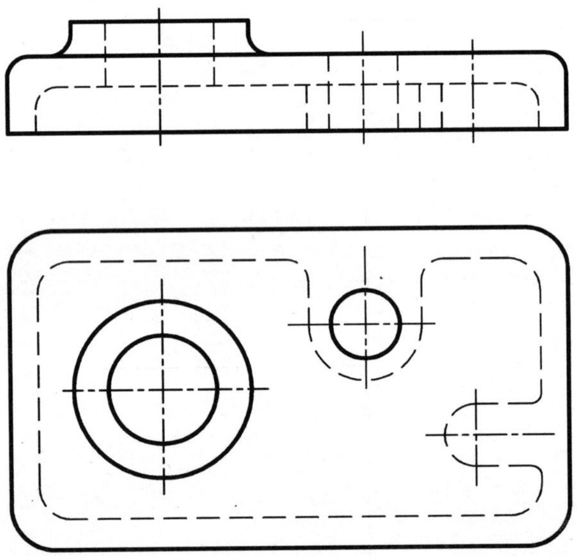

班级：　　　　　　　　姓名：　　　　　　　　学号：

任务 5-4　根据主、俯视图及投影方向，画出其向视图

（基础理论训练：参考教材第 110～111 页）

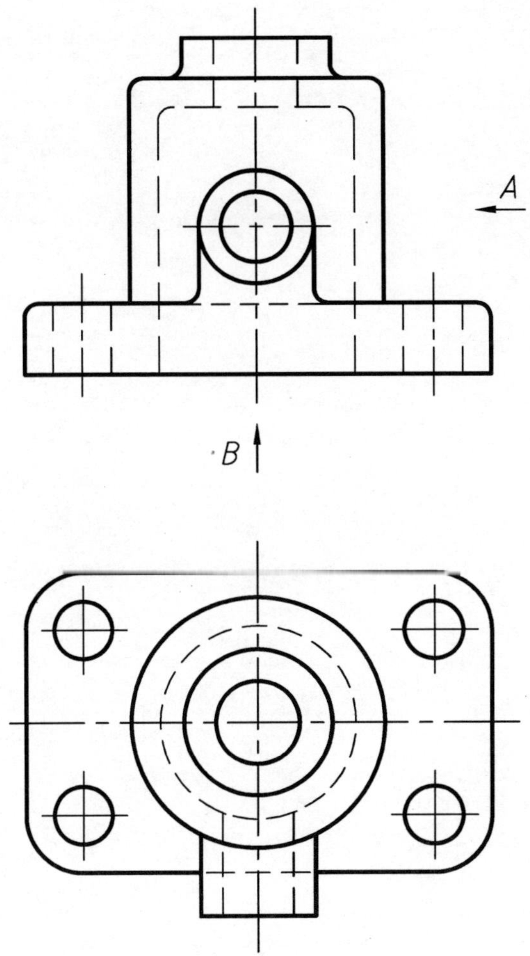

班级：　　　　姓名：　　　　学号：

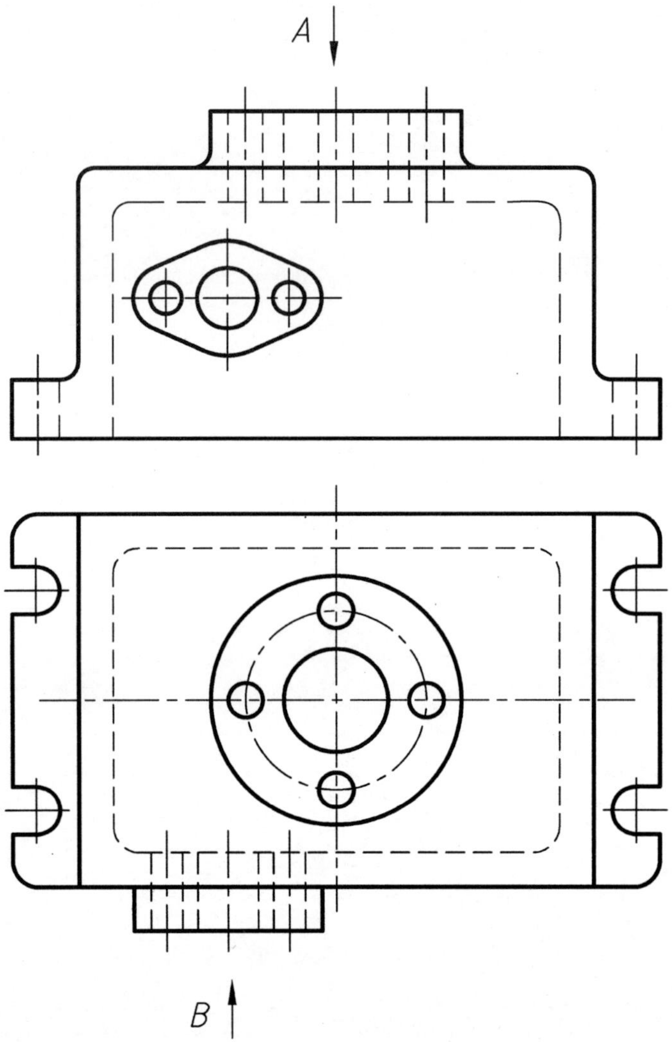

班级：　　姓名：　　学号：

任务 5-6　根据主、俯视图及投影方向绘制局部视图

（基础理论训练：参考教材第 112～113 页）

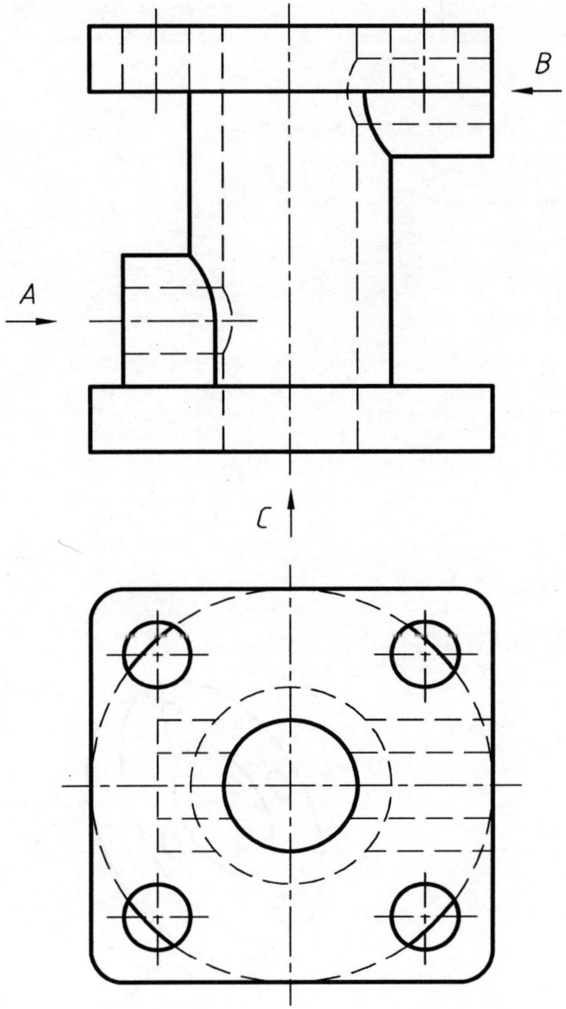

班级：　　　　姓名：　　　　学号：

任务 5-7　画出 *B* 向斜视图，并将主视图改画成全剖视图

（基础理论训练：参考教材第 114～116 页）

上半部分法兰盘如右下角图所示。

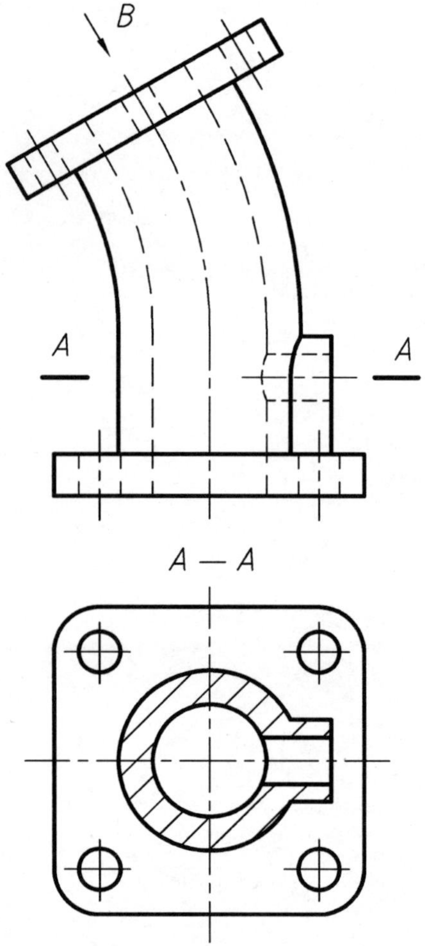

班级：　　　　　　姓名：　　　　　　学号：

任务 5-8　画出 *A* 向斜视图和 *B* 向视图（虚线不画）

（基础理论训练：参考教材第 110～111、114～116 页）

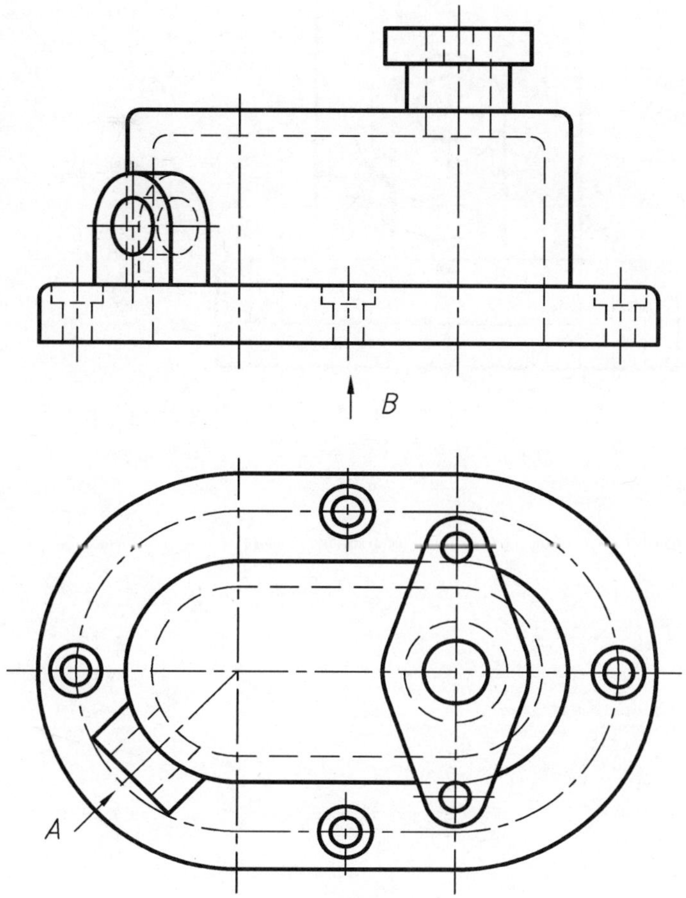

班级：　　　　姓名：　　　　学号：

　任务 5-9　看懂三视图后试采用合适的表达方案重新表达该零件　（基础理论训练：参考教材第 116～117、123 页）

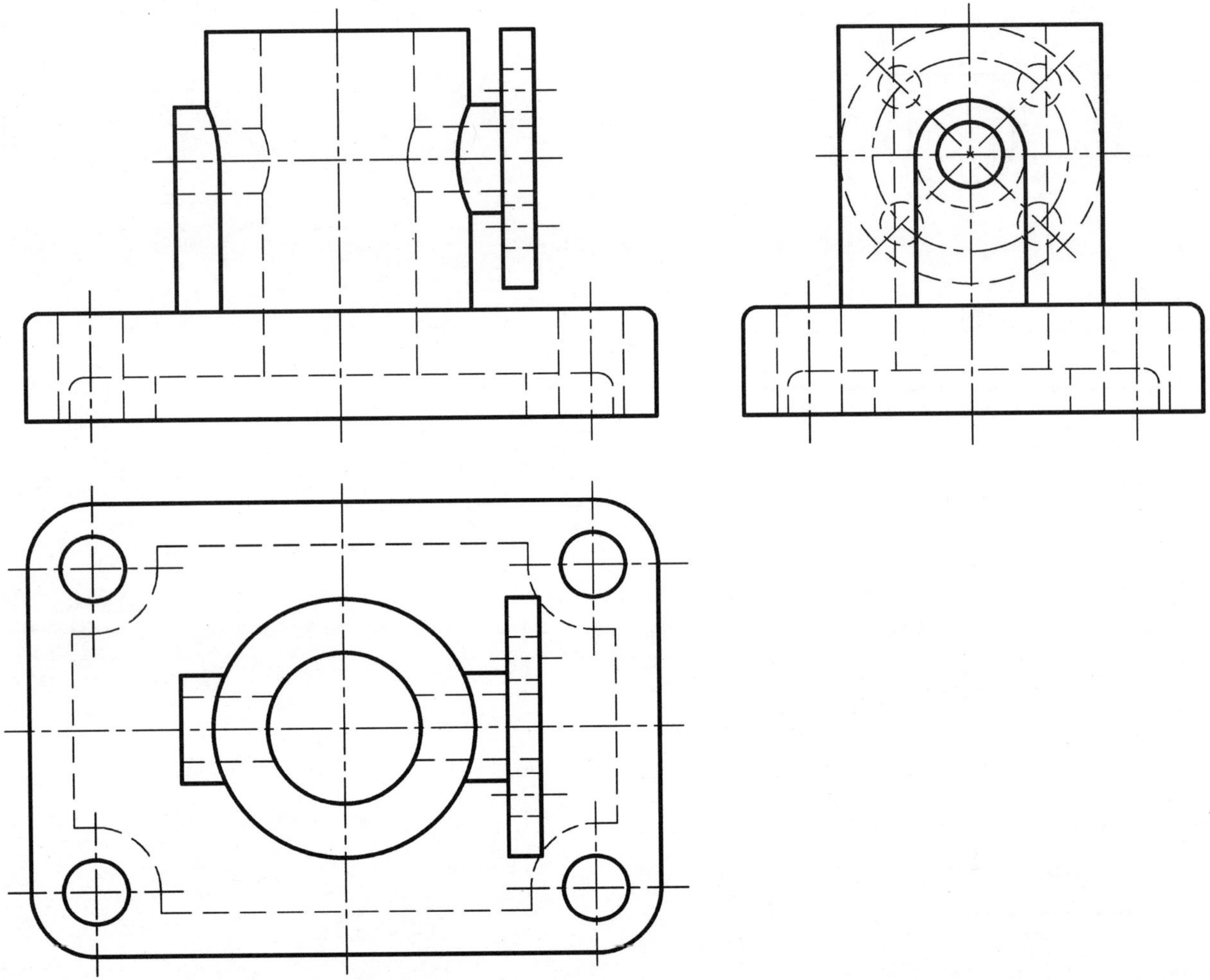

班级：　　　　姓名：　　　　学号：

　任务 5-10　看懂视图后试采用合适的表达方案重新表达该零件　（基础理论训练：参考教材第 116～117、123 页）

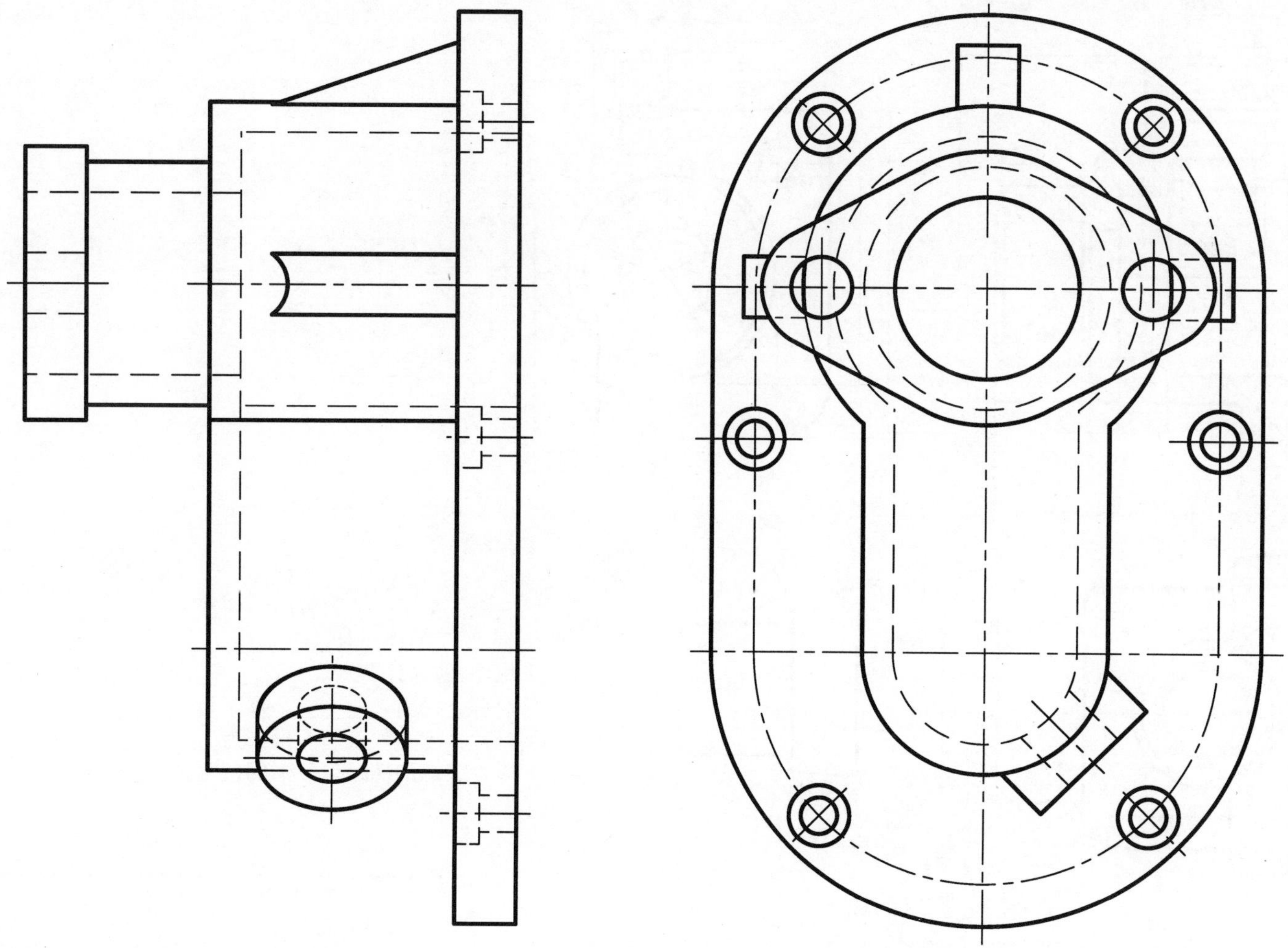

1. 作图题：在指定位置作出B向视图（虚线不画）。

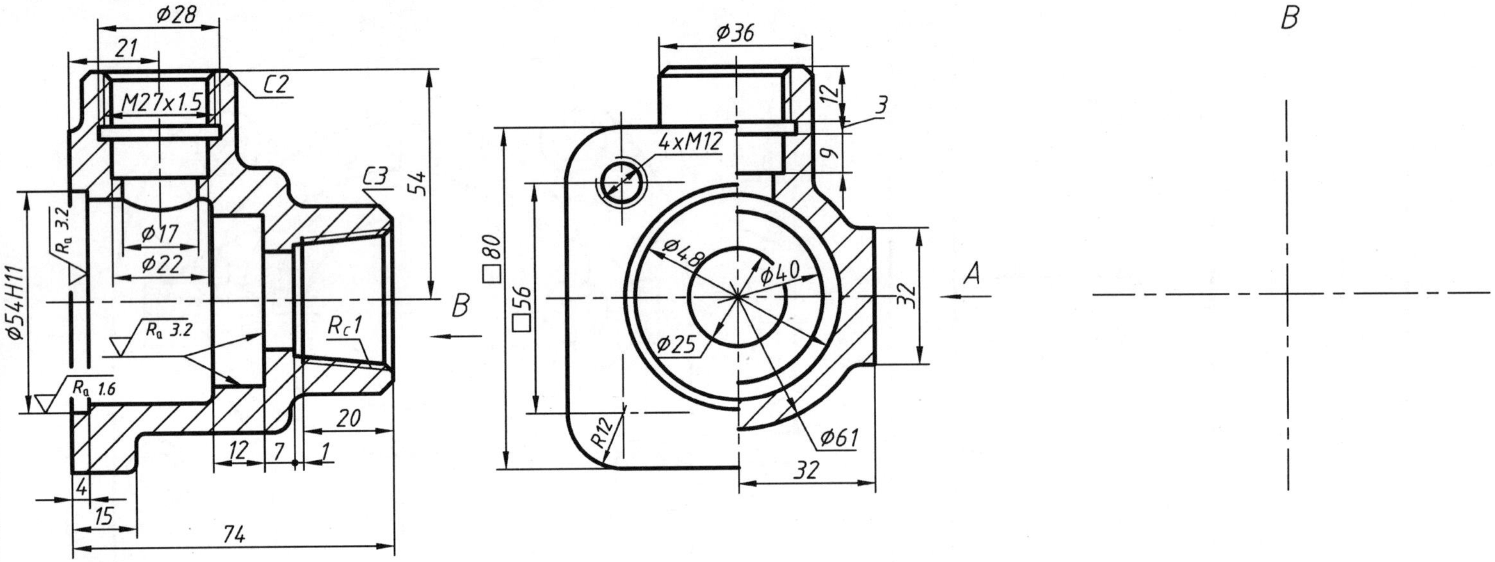

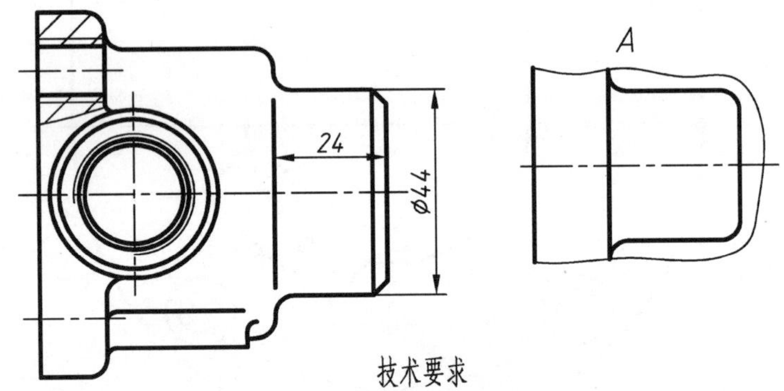

2. 填空题：

（1）该零件图采用了__个视图，主视图采用________剖视图，左视图采用____剖视图，俯视图采用______剖视图，标有“A”的视图是___________视图。

（2）图中M27×1.5表示的是______（粗，细）牙普通螺纹，公称直径为________，螺距为_________。

（3）尺寸“□80”表示的含义为________________________。

（4）零件上端的螺纹退刀槽的槽宽为___，槽深为_______。

技术要求

1. 未注铸造圆角R2～R4；

2. 未注加工面粗糙度为 Ra 12.5。

Ra 12.5（√）

设 计			阀 体	（图 号）	
工 艺				比 例	
审 核			HT200	（企业名）	

班级：　　　　姓名：　　　　学号：

任务 5-12　阅读阀座零件图并答题

（基础理论训练：参考教材第 105～106、116～118 页）

1. 作图题：在指定位置将左视图改画为半剖视图。

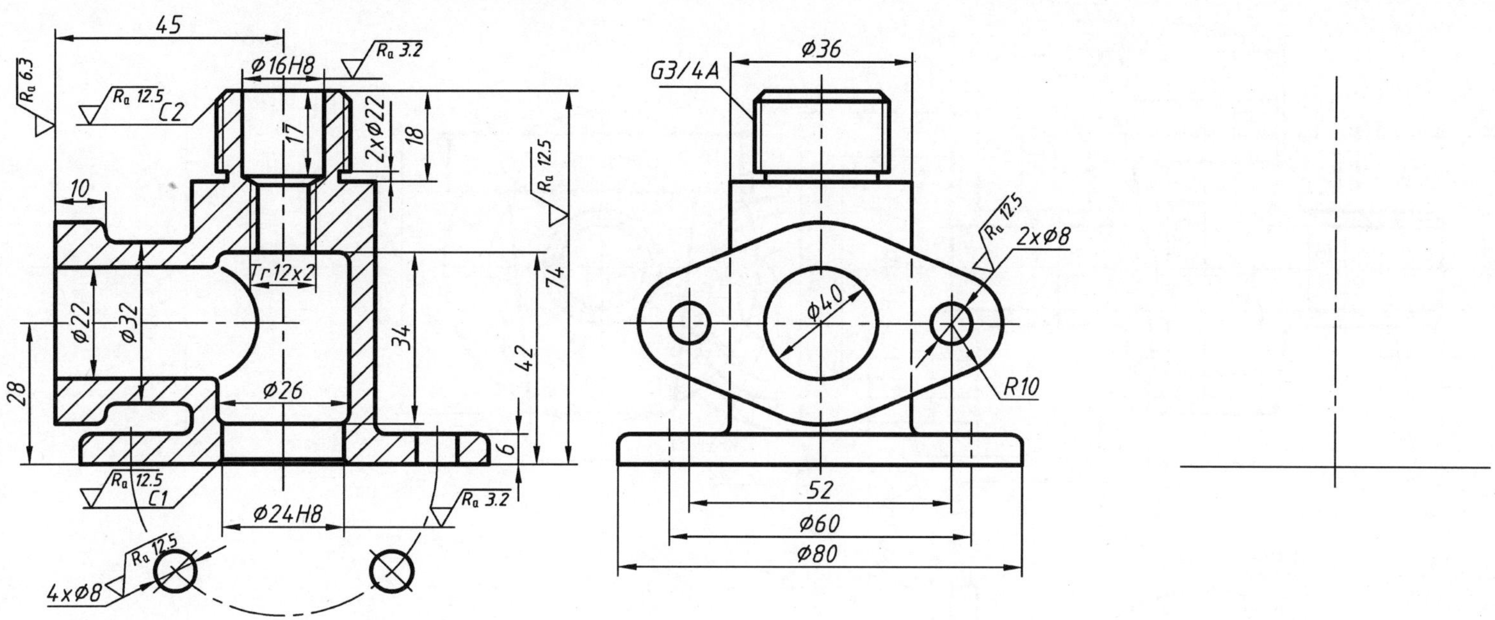

2. 填空题：

（1）该零件图采用了____个视图，主视图是 ______剖视图。

（2）图中尺寸“Tr12×2”中的Tr表示______ 螺纹，公称直径为_______，螺距为______，该螺纹为_____（单，多）线螺纹。

（3）该零件底板上直径为ϕ8的孔有_______个，定位尺寸是__________。

（4）该零件上的螺纹退刀槽的槽宽为_________，槽底直径为__________。

（5）孔 ϕ16H8 基本尺寸为______，公差等级为____级，基本偏差代号为______，上偏差为______，下偏差为_________，公差为______。

技术要求

未注铸造圆角R2～R3。

$\sqrt{}$ ($\sqrt{}$)

设 计			阀 座	（图 号）	
工 艺				比 例	
审 核			HT150	（企业名）	

班级：　　　　姓名：　　　　学号：

1. 作图题：根据投影方向B作出该零件的局部视图。

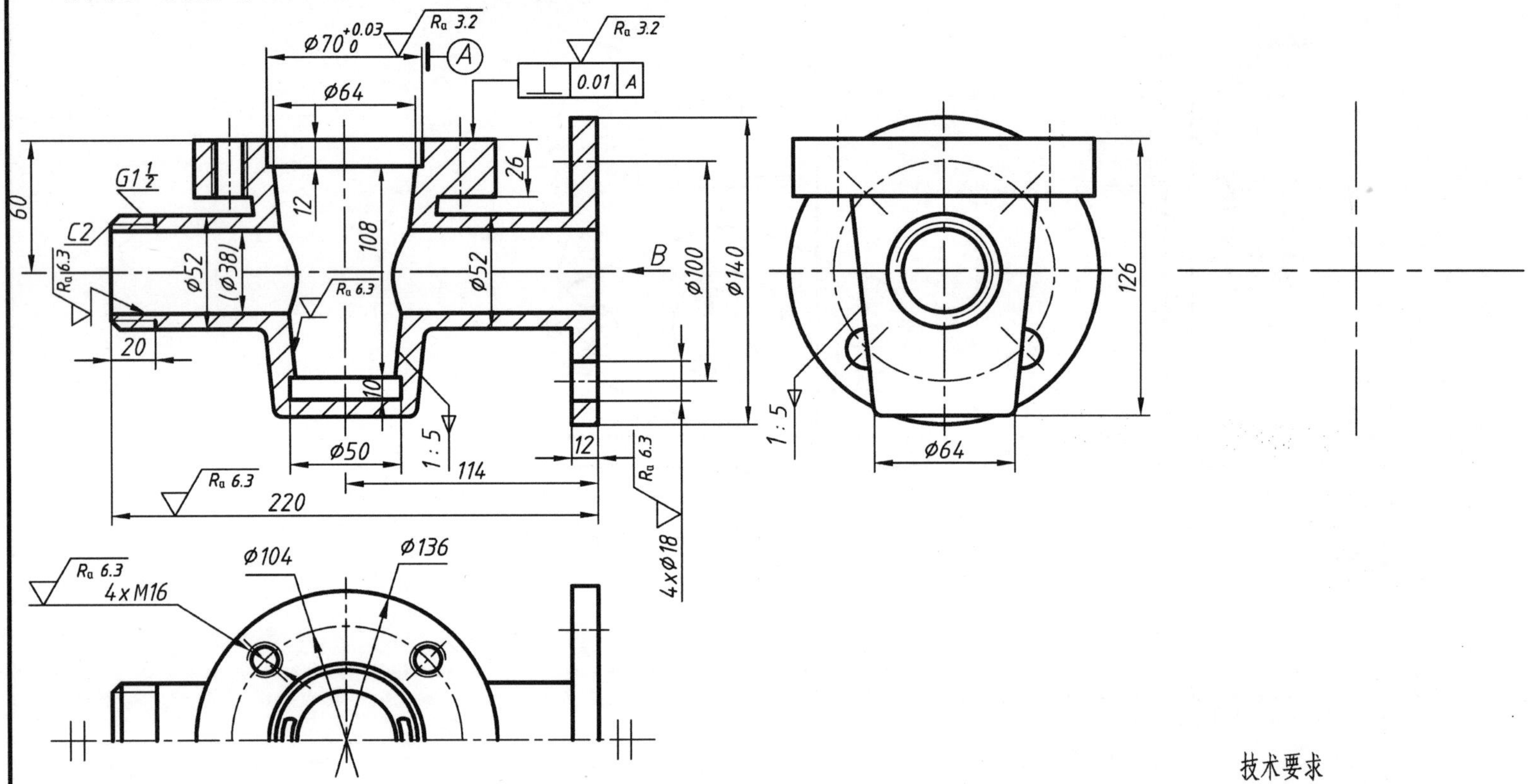

技术要求

未注铸造圆角R2～R4。

√（√）

2. 填空题：

（1）该零件图采用了____个视图，俯视图采用了________画法。

（2）图中尺寸"G1½"表示的含义是__________________________。

（3）该零件中均布的螺纹孔有____个，公称尺寸是_______，其定位尺寸是_________。

（4）该零件图中形位公差 ⊥ 0.01 A 的含义为_________________。

设计			阀体	（图号）		
工艺				比例		
审核			HT200	（企业名）		

1. 作图题：作出该零件的*D*–*D*剖视图。

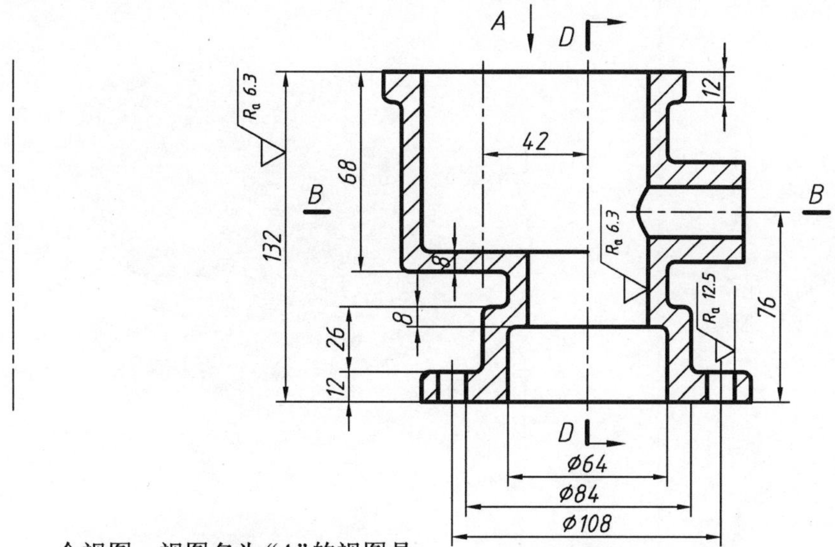

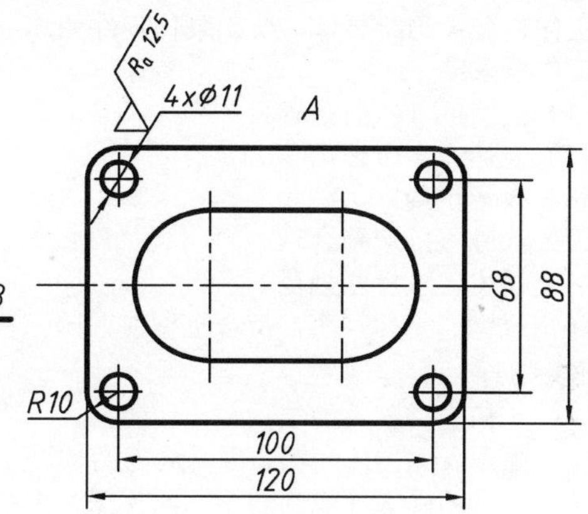

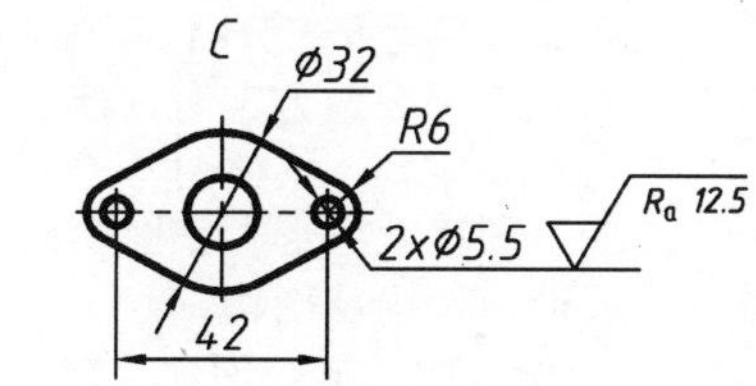

2. 填空题：

（1）该零件图采用______个视图，视图名为“*A*”的视图是______视图，其中主视图为_____剖视图。

（2）零件上端边缘有____个小孔，小孔直径为_______。

（3）零件底板边缘有___个小孔，小孔直径为________。

（4）零件左侧法兰上安装孔有__________个，定位尺寸是___________。

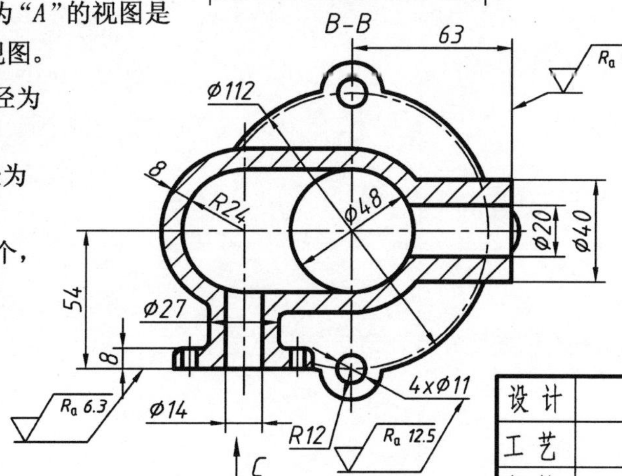

技术要求

1. 铸件不得有气孔、裂纹等缺陷。
2. 未注圆角R3。

设 计			底 座	（图 号）	
工 艺				比 例	
审 核			HT200	（企业名）	

工作任务：测绘泵体，绘制泵体零件图。

工作要求：

（1）比例1∶1；图幅A2。

（2）表达方案合理。

（3）投影正确。

（4）尺寸基准选择合理。

（5）技术要求标注规范。

（6）线型、字体规范，符合机械制图国家标准要求。

任务指导：

箱壳类零件的结构都比较复杂，一般需用几个基本视图表达主体结构，再对局部结构进一步详细表达，如局部视图（或剖切）、向视图、局部放大图、各种简化方法等。

（1）泵体的表达方案分析。

①在选择表达方案时，建议选择工作位置放置（即自然安放），主视图考虑整体形象的朝向作投影方向，即“八字形”空腔朝向正前方，并对上下进、出油口作局部剖切。

②俯视图作旋转剖切，可同时剖得周边螺纹孔、左右箱体孔、销孔等结构，以表达底板结构。

③左视图作局部剖，剖切后上方螺纹孔。

④绘制后视图，并取局部视图方式。

可提出几个表达方案比较，然后选出最佳方案绘图。

（2）选择长、宽、高方向的尺寸基准，建议选三个方向的重要平面、对称面、轴线等。

（3）技术要求标注采用类比法，参考主教材有关图例并在指导老师的指导下进行。

（4）量具：游标卡尺、千分尺、钢直尺。

测量数值圆整处理。

泵体三维实体造型

班级：　　　　姓名：　　　　学号：

1. 作图题：在指定位置作零件*B*–*B*向剖视图。

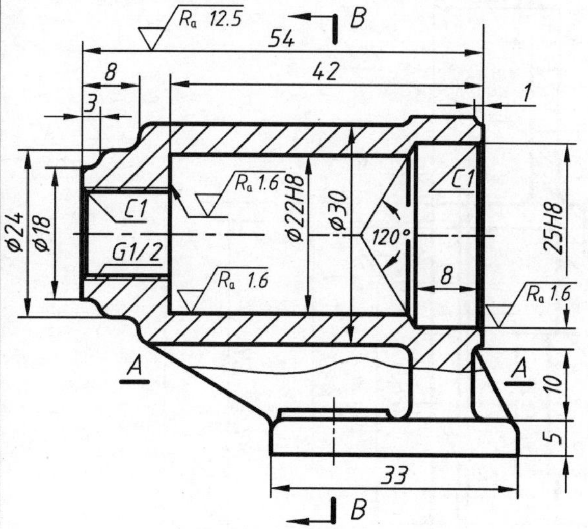

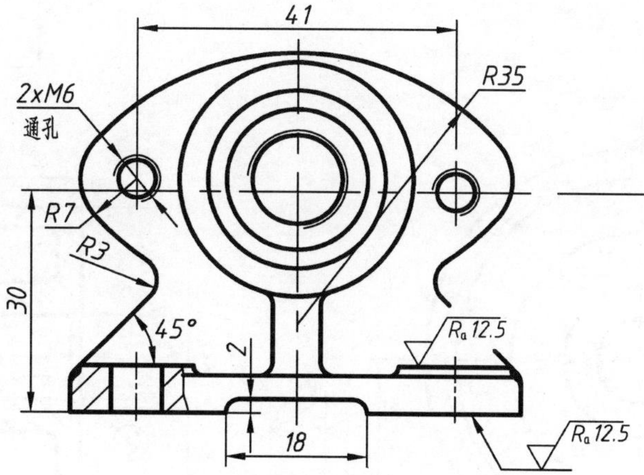

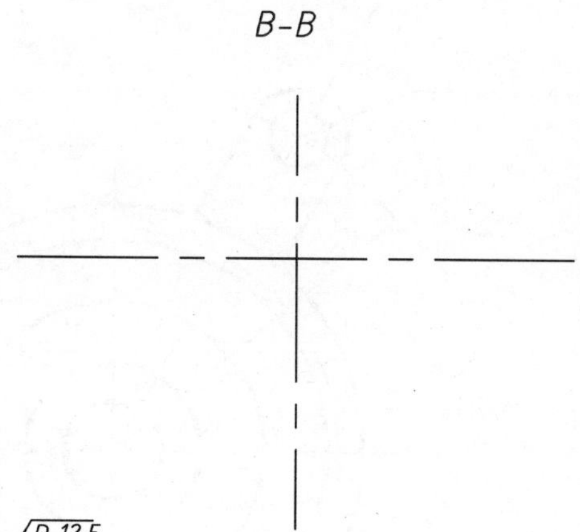

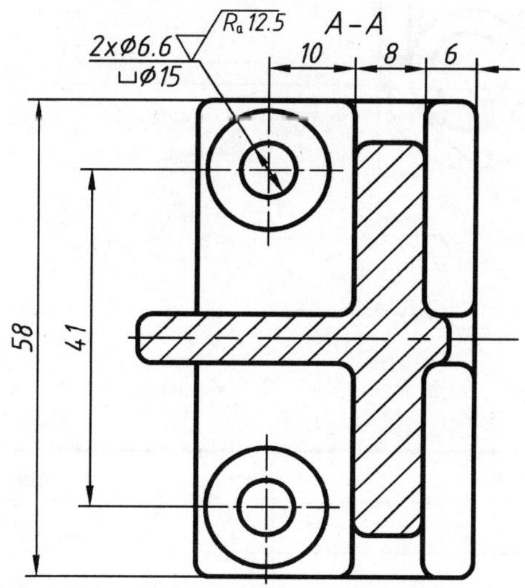

2. 填空题：

（1）该零件图采用了_____个视图，主视图采用 _____剖视图，俯视图采用_____剖视图，左视图采用_________剖视图。

（2）"2×M6"的M表示的是________ 螺纹，"$G\frac{1}{2}$"表示的是____________螺纹________为1/2。

（3）该零件底板上的安装孔有____个，定位尺寸是_________、_______，零件底部做成凹槽是为了减少__________面。

（4）孔 φ22H8 基本尺寸为______，公差等级为____级，基本偏差代号为______，上偏差为_____，下偏差为______，公差为___________。

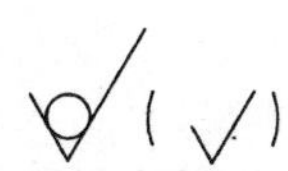

技术要求

1. 铸件不得有砂眼、气孔。
2. 未注铸造圆角为*R*2～*R*3。

设 计			泵 体	（图 号）	
工 艺				比 例	1:1
审 核			HT150	（企业名）	

班级：　　　　　　姓名：　　　　　　学号：

1. 作图题：作出该零件的后视图（另附纸）。

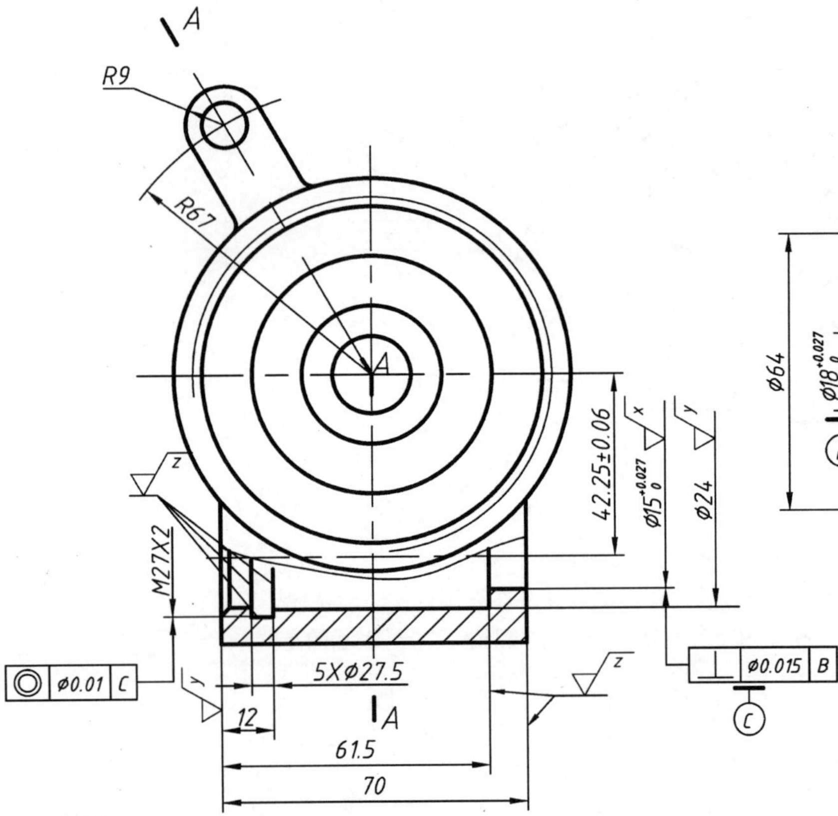

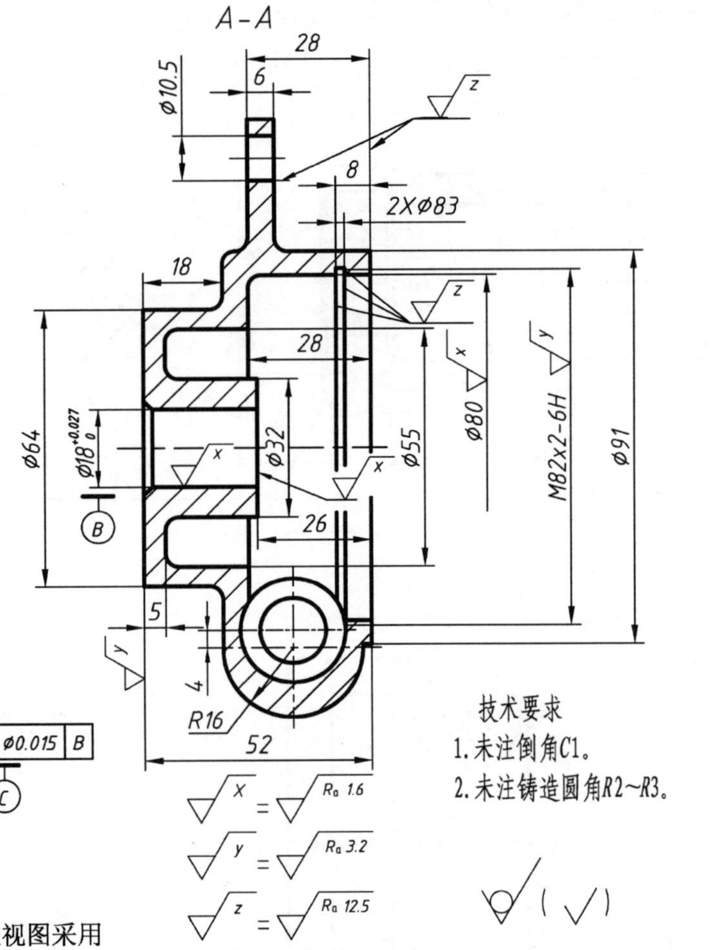

2. 填空题：

（1）该零件图采用了_____个视图，主视图采用______剖视图；左视图采用_________剖视图，其采用的是________________________剖切面。

（2）尺寸“2×ϕ83”的含义为______________________________。

（3）图中形位公差 [⊥ | ϕ0.015 | B] 的含义为______________。

设计			蜗轮箱	（图号）	
工艺				比例	
审核			HT150	（企业名）	

项目6　叉架类零件　任务6-1　根据棱柱特征视图的轴测投影，完成正等测轴测图（四个柱体高度均为30）（**基础理论训练**：参考教材第127～132页）

1.

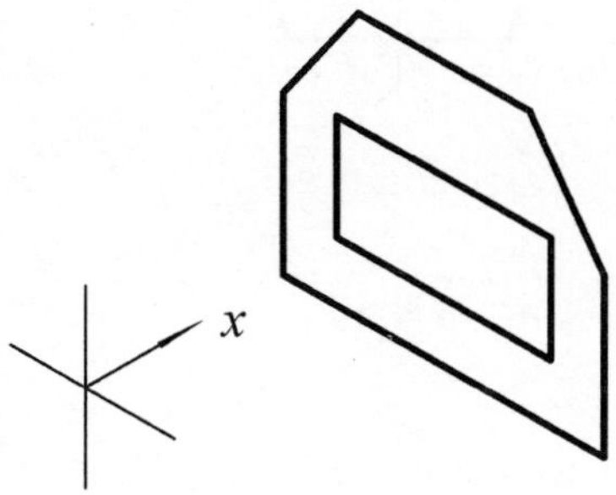

2.

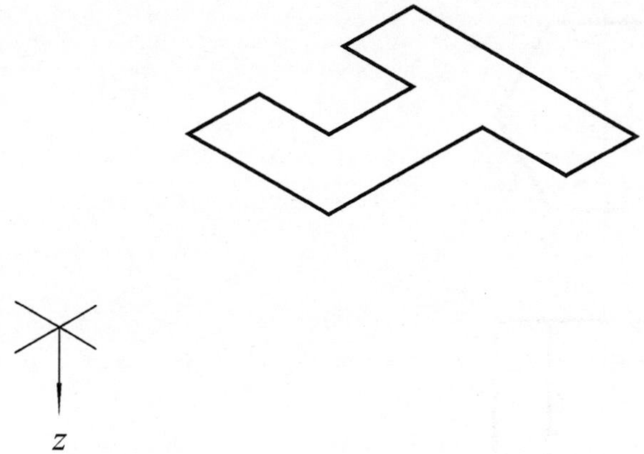

3.

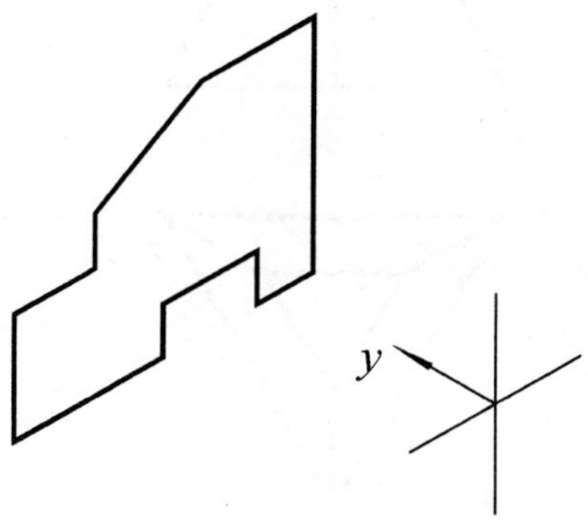

4.

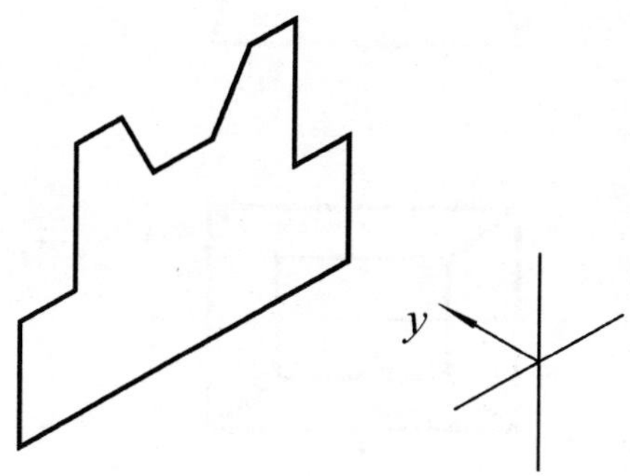

班级：　　　　　　　　姓名：　　　　　　　　学号：

任务 6-2　绘制平面体的正等测轴测图

（基础理论训练：参考教材第 127～132 页）

1.

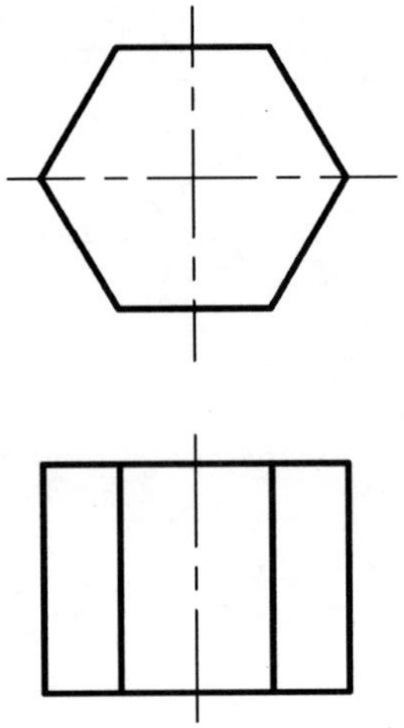

2.

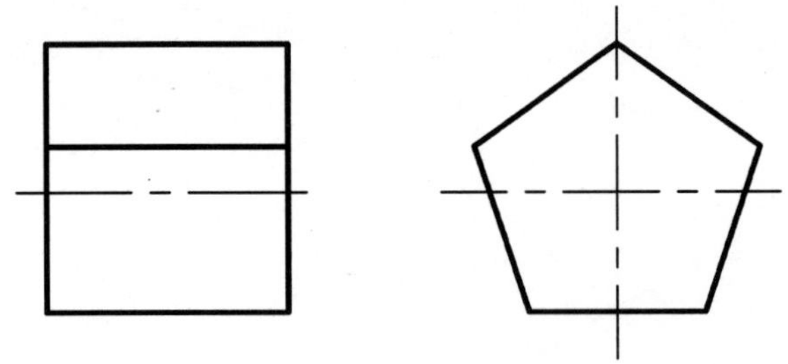

3.

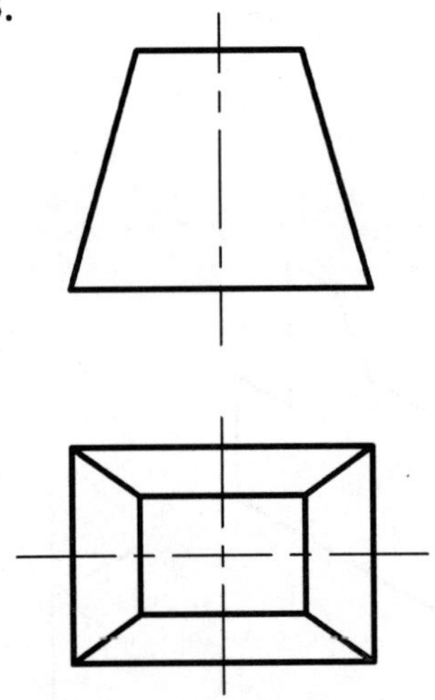

4.

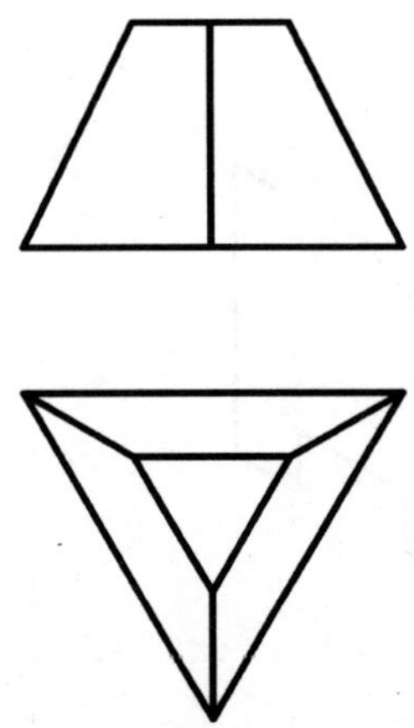

班级：　　　　　　姓名：　　　　　　学号：

1.

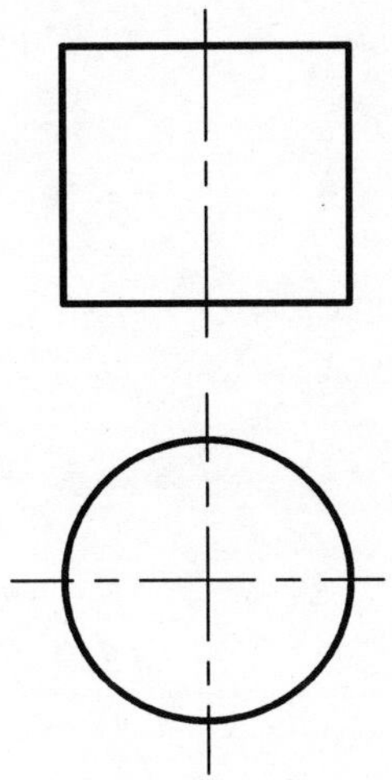

2.

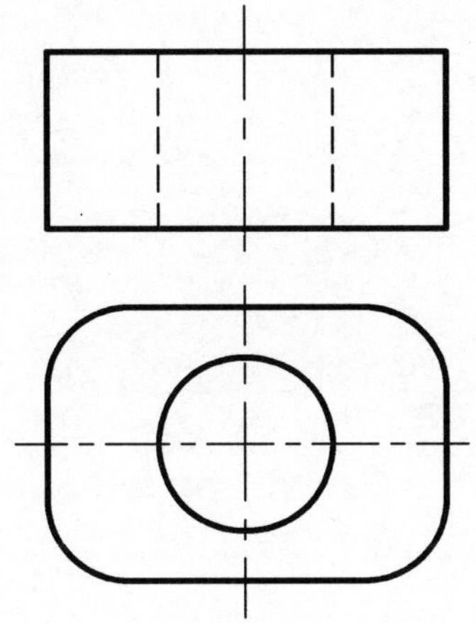

3.

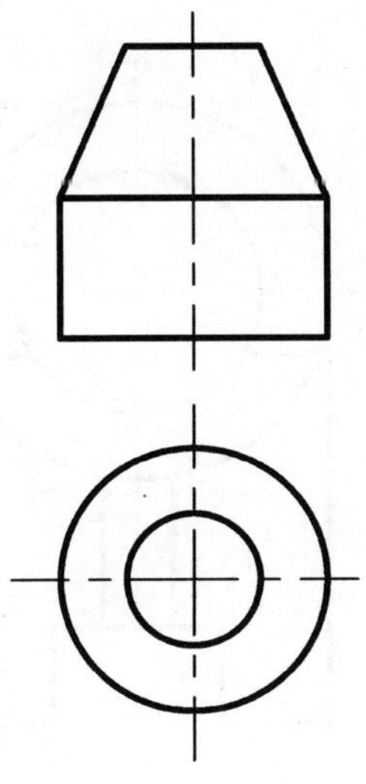

4.

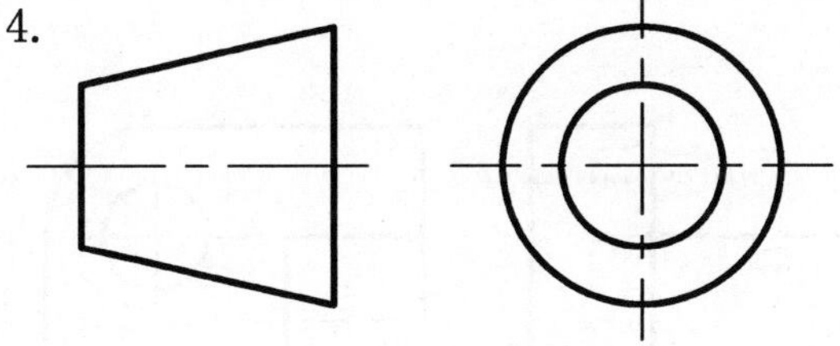

班级：　　　　姓名：　　　　学号：

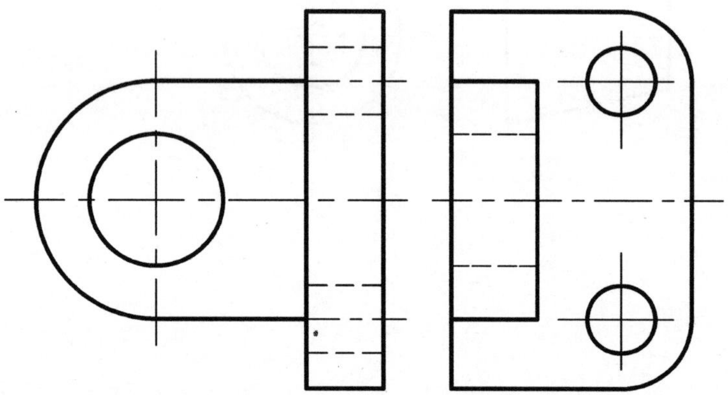

1.

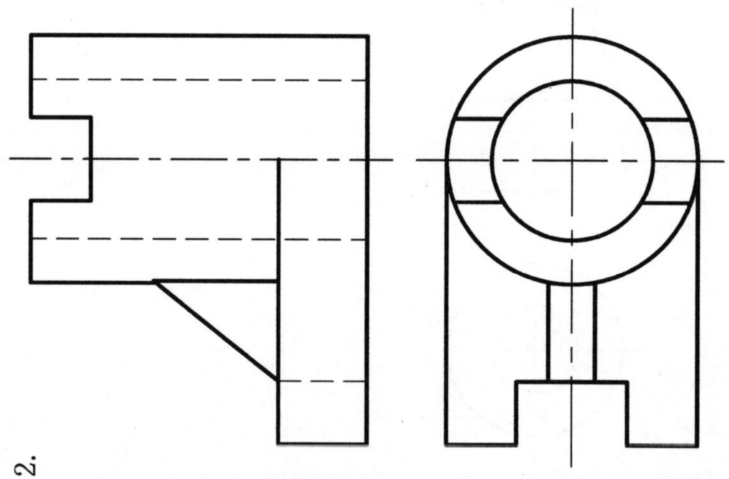

2.

班级：　　　　姓名：　　　　学号：

任务 6-5　根据视图绘制正等测轴测图

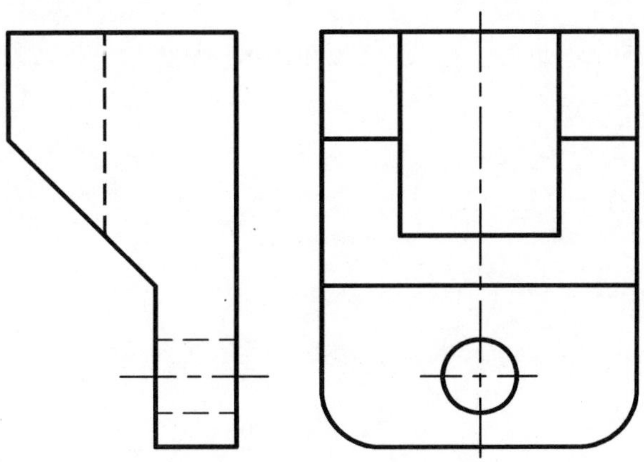

1.

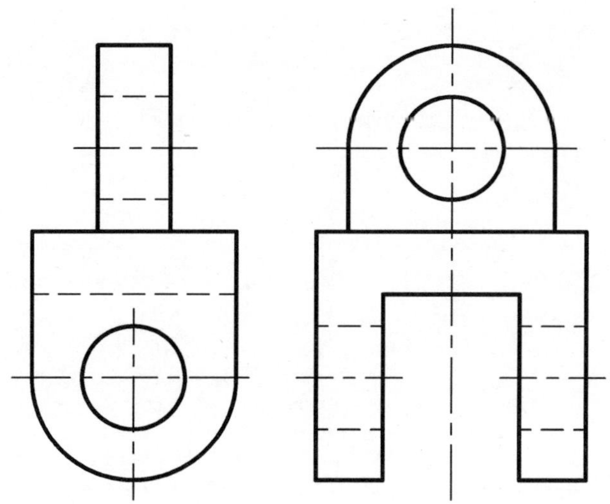

2.

1.

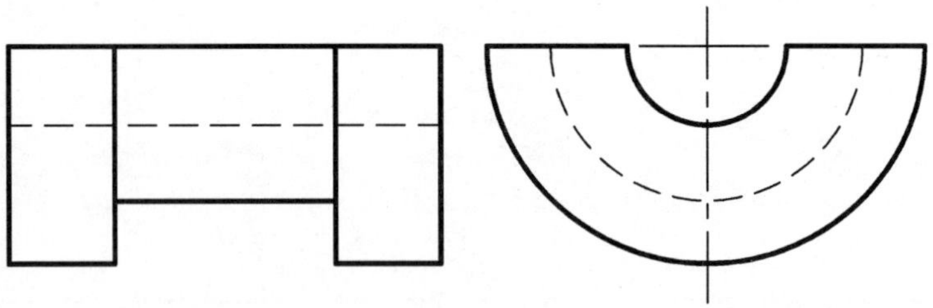

2.

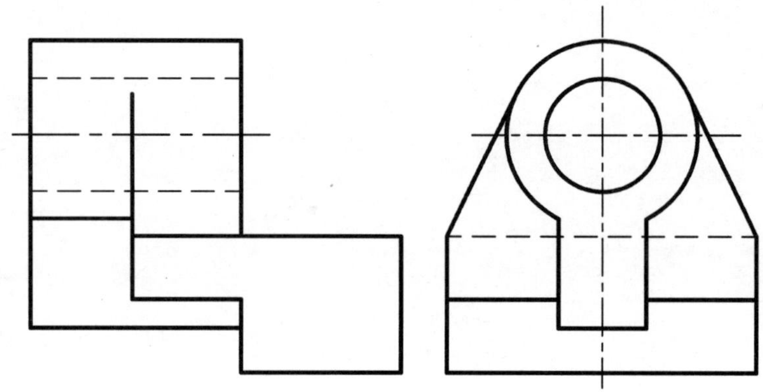

班级：　　姓名：　　学号：

任务 6-7 根据视图绘制斜二测轴测图

（基础理论训练：参考教材第 137～138 页）

1.

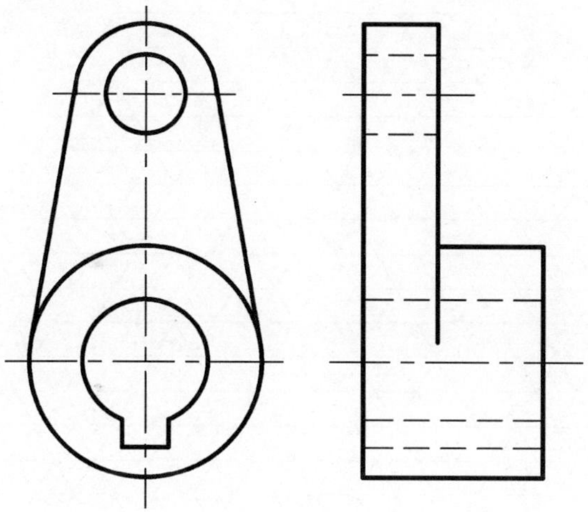

2.

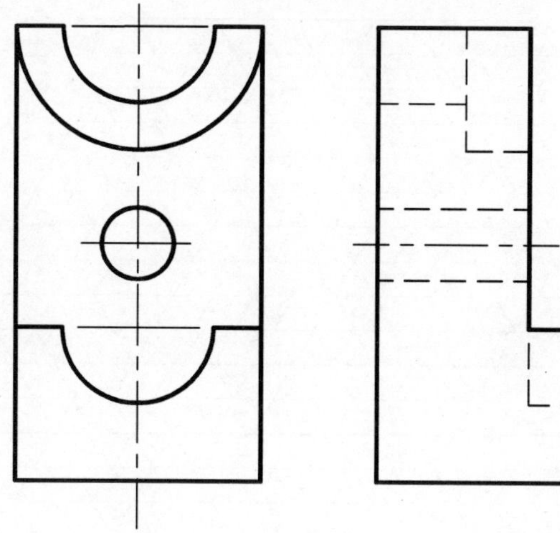

班级： 姓名： 学号：

任务 6-8　根据视图尝试徒手绘制正等测轴测图

（基础理论训练：参考教材第 138～141 页）

1.

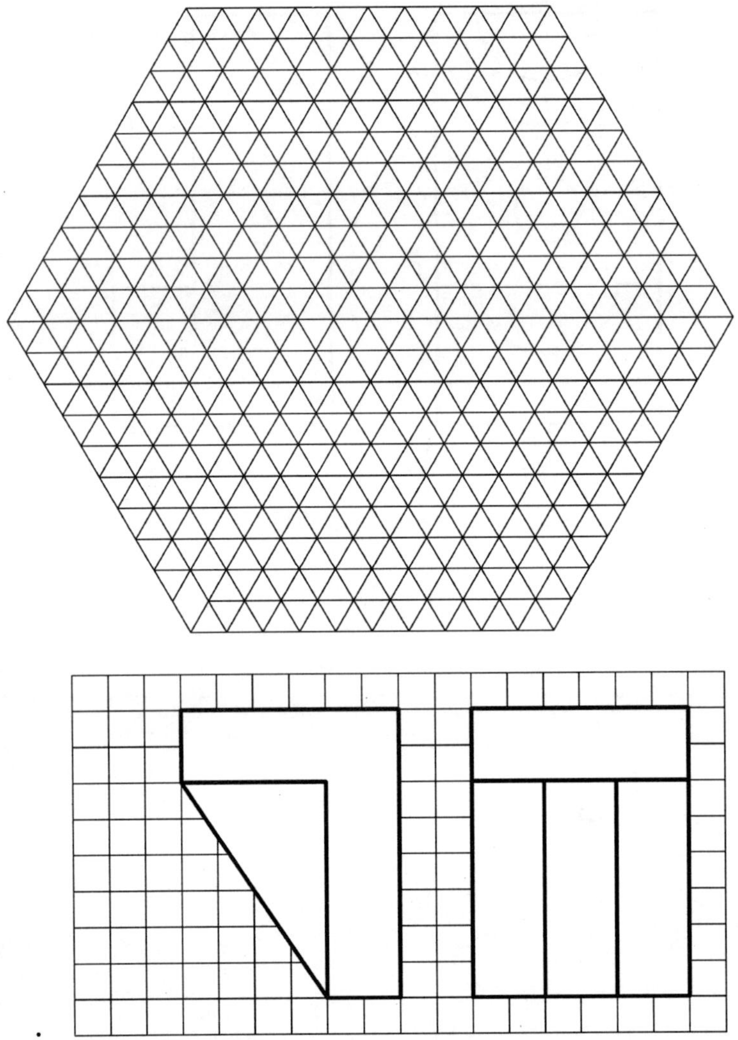

2.

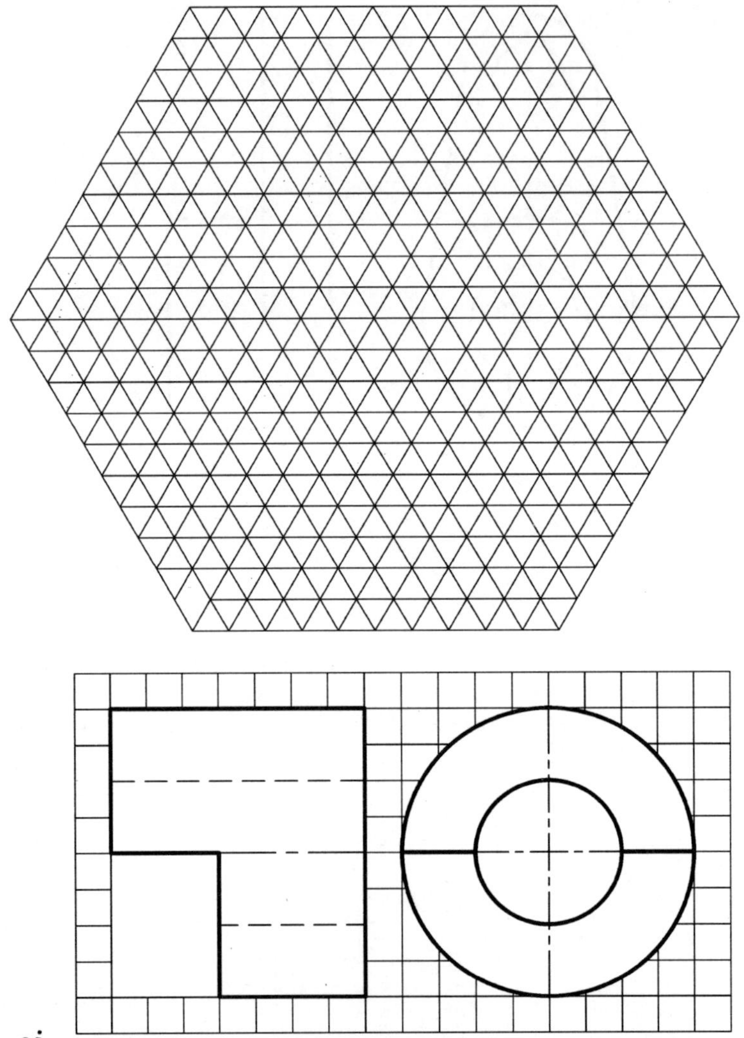

班级：　　　　姓名：　　　　学号：

任务 6-9　根据视图尝试徒手绘制正等测轴测图

（基础理论训练：参考教材第 138～141 页）

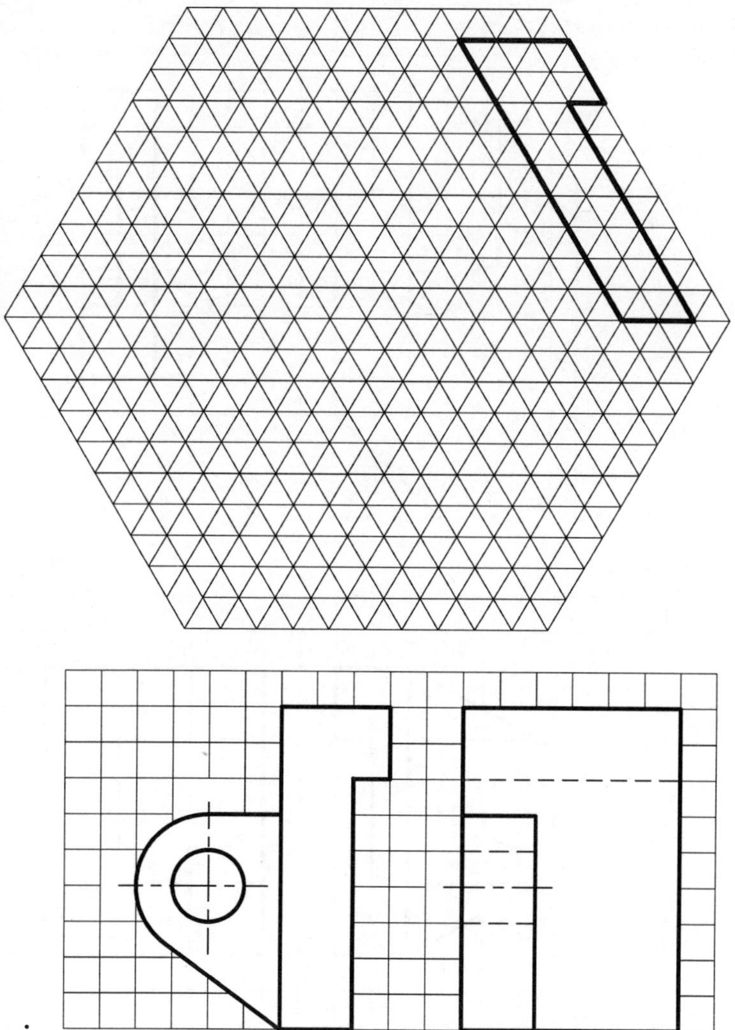

1.

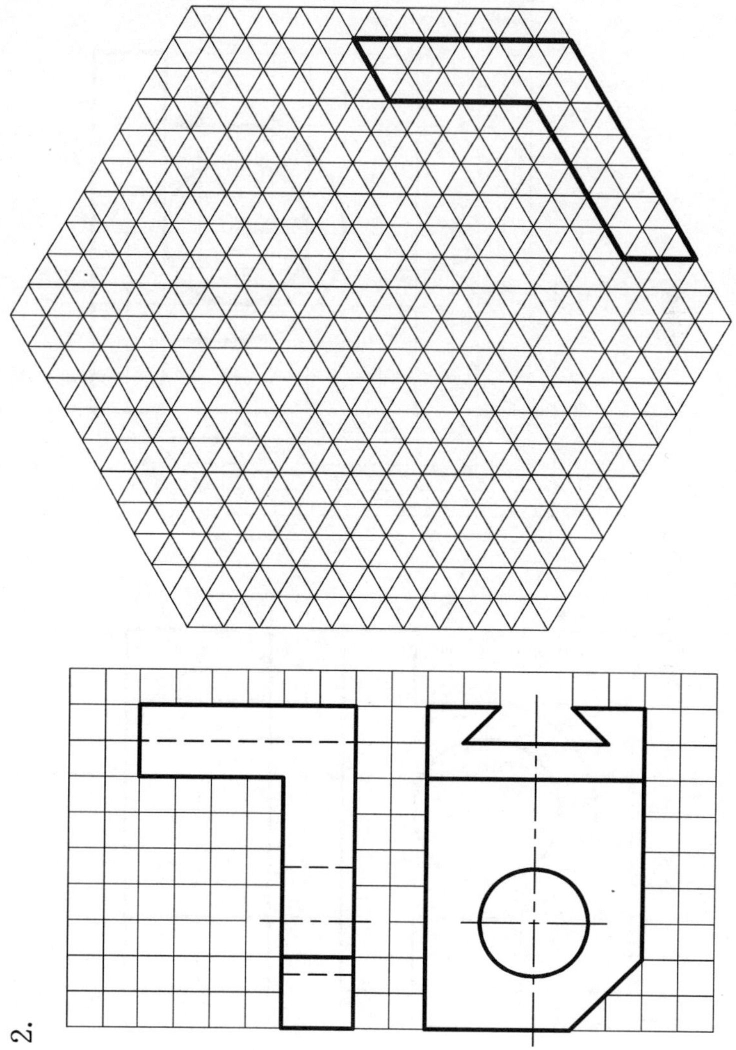

2.

班级：　　　　　　　　　　姓名：　　　　　　　　　　学号：

任务 6-10　根据视图尝试徒手绘制斜二测轴测图

（基础理论训练：参考教材第 137～141 页）

1.

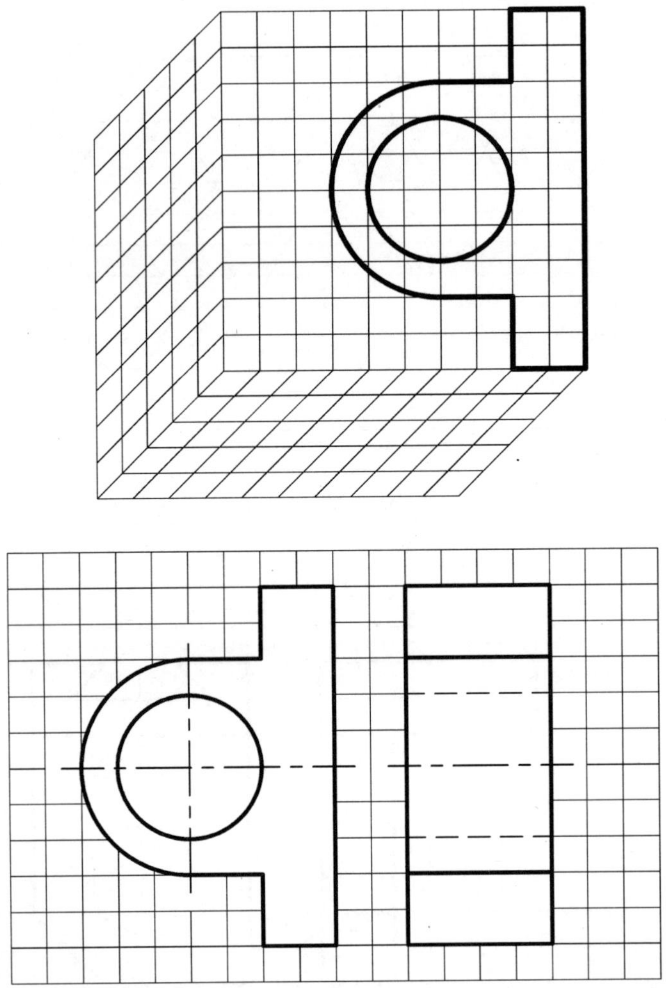

2.

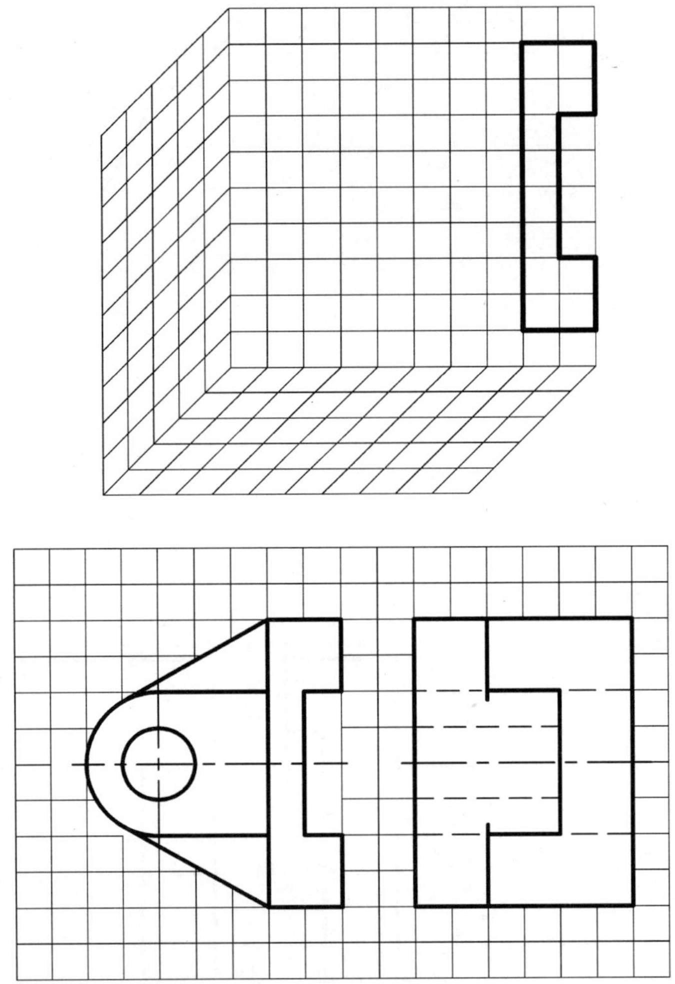

班级：　　姓名：　　学号：

 任务6-11 根据轴测图，采用适当的表达方案徒手绘制零件草图（不注尺寸）

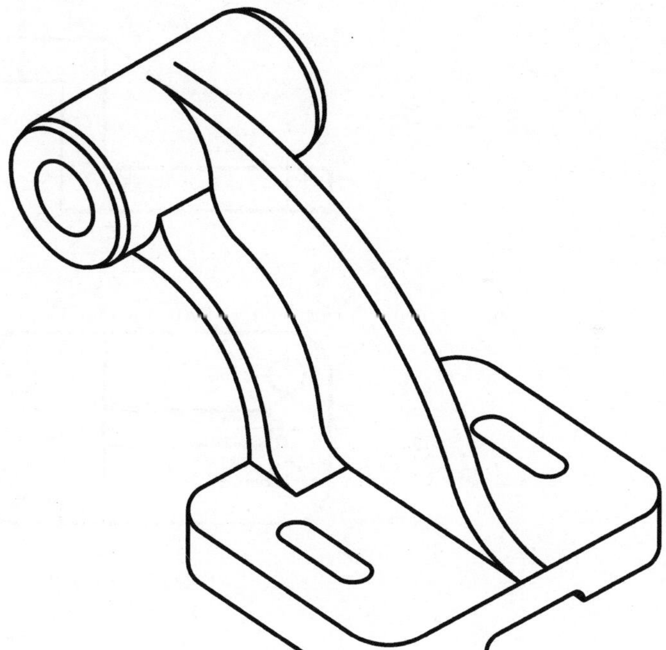

班级： 姓名： 学号：

　任务 6-12　根据视图，采用第一角投影补画其余四个基本视图　（基础理论训练：参考教材第 148～150 页）

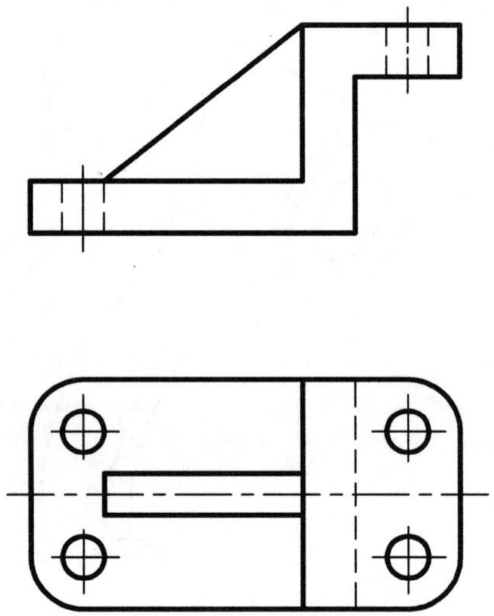

　班级：　姓名：　学号：

　任务 6-13　根据视图，采用第三角投影补画其余四个基本视图　（基础理论训练：参考教材第 148～150 页）

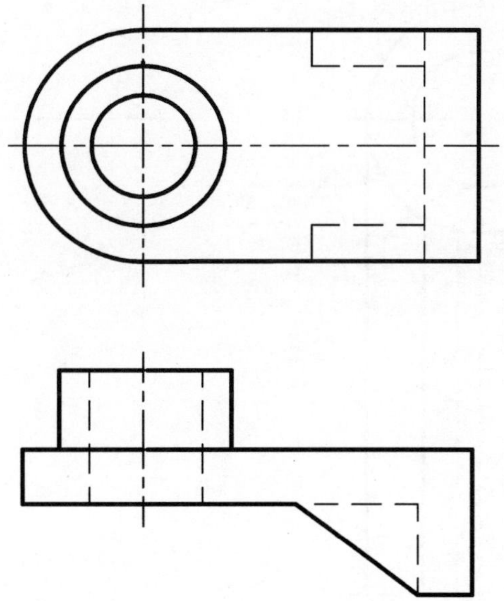

 任务6-14 根据视图作出 *A-A*、*B-B* 断面图，并在指定位置将主视图改画成局部剖视图（基础理论训练：参考教材第148~150页）

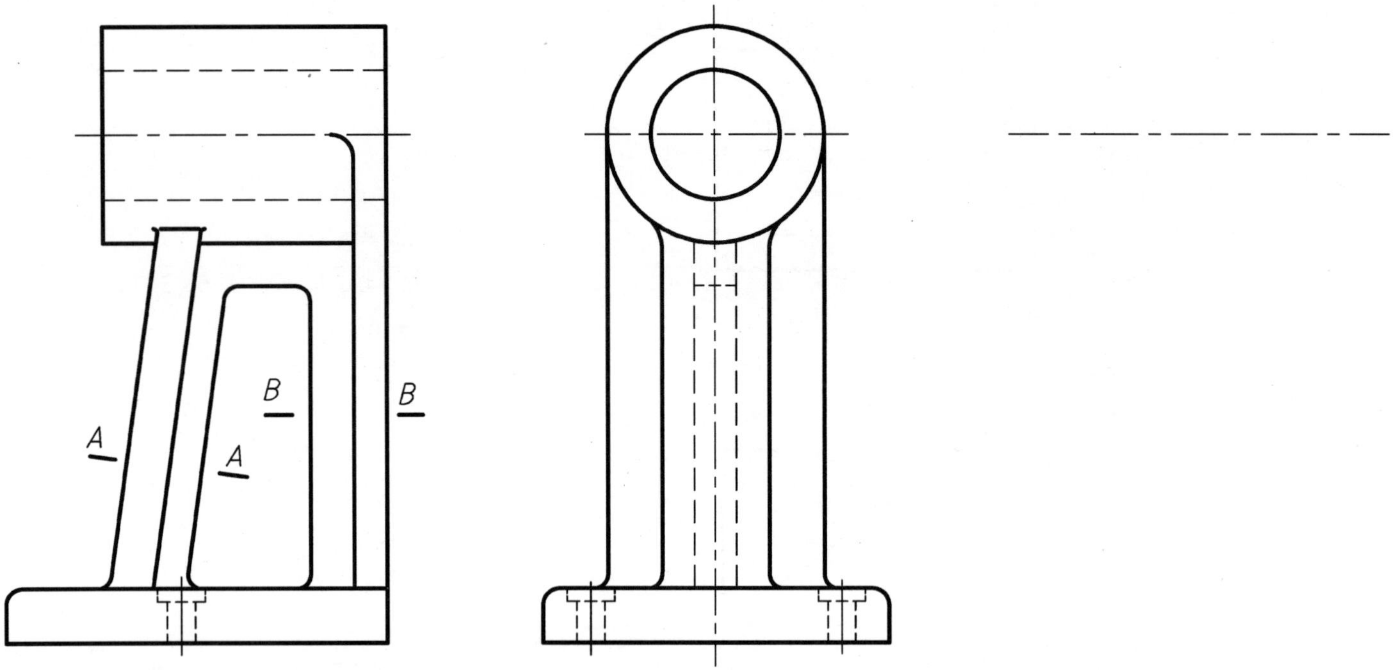

A-A

B-B

 班级： 姓名： 学号：

1. 作图题：徒手绘制该轴承架零件的斜二测轴测图。

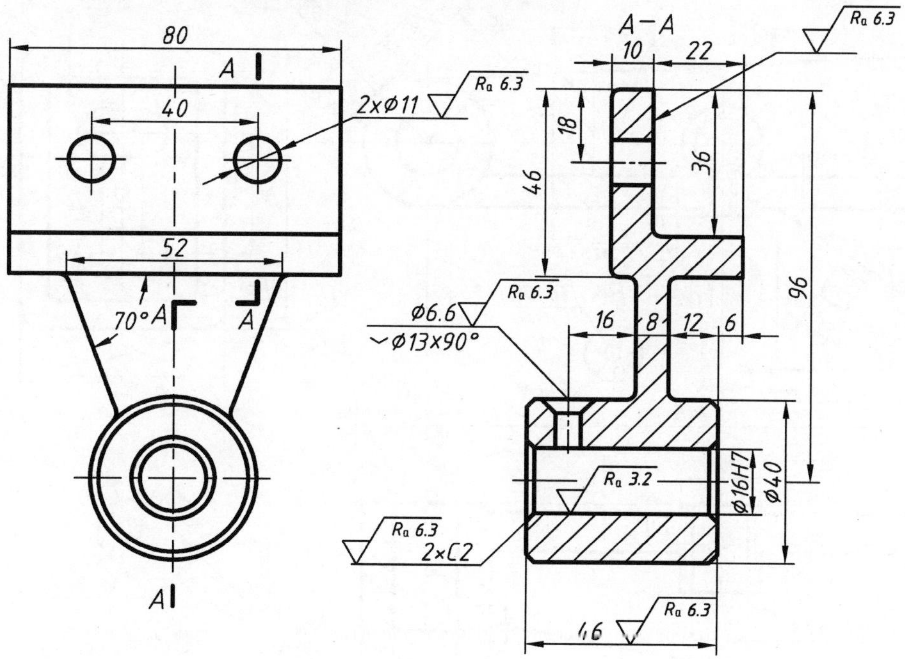

2. 填空题：

（1）该零件图采用了____个视图，主视图是 _____剖视图，采用的是__________________剖切方法。

（2）图中C2中的C表示___________，2表示_______________，图中 $\frac{\phi 6.6}{\smile \phi 13\times 90^\circ}$ 的含义为 ______________________________________。

（3）标题栏中的“HT200”表示______________________________ 。

（4）孔 ϕ16H7 基本尺寸为______，该尺寸最大可加工成_________，最小可加工成_________，公差为______。

技术要求

未注铸造圆角R2~R3。

设计			轴承架	（图号）	
工艺				比例	
审核			HT200	（企业名）	

1. 作图题：作出该零件的C-C剖视图。

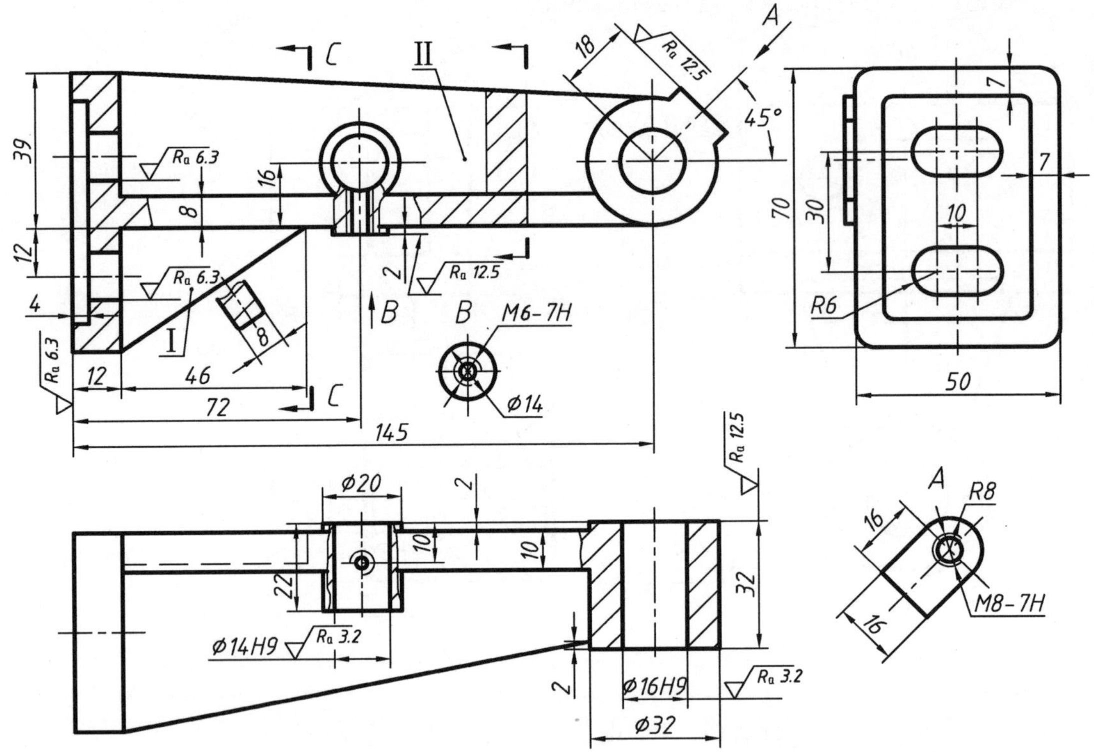

2. 填空题：

(1) 该零件图采用_____个视图，视图名为“A”的视图是_________视图，其中主视图为_____________剖视图。

(2) 该零件有___个螺纹孔，公称直径有____种，分别为__________。

(3) 图中 I 处结构为_________________形状，II 处结构的断面形状为___________________。

(4) 图中的 φ16H9 圆孔，直径尺寸最大可加工成_________，最小可加工成________，公差为___________。

技术要求

1. 未注铸造圆角R3～R5;

2. 毛坯要进行退火处理。

(√)

设 计			刹车支架	（图 号）	
工 艺				比 例	
审 核			HT200	（企业名）	

班级：　　　　姓名：　　　　学号：

1. 作图题：作出该零件的右视图（虚线不画）。

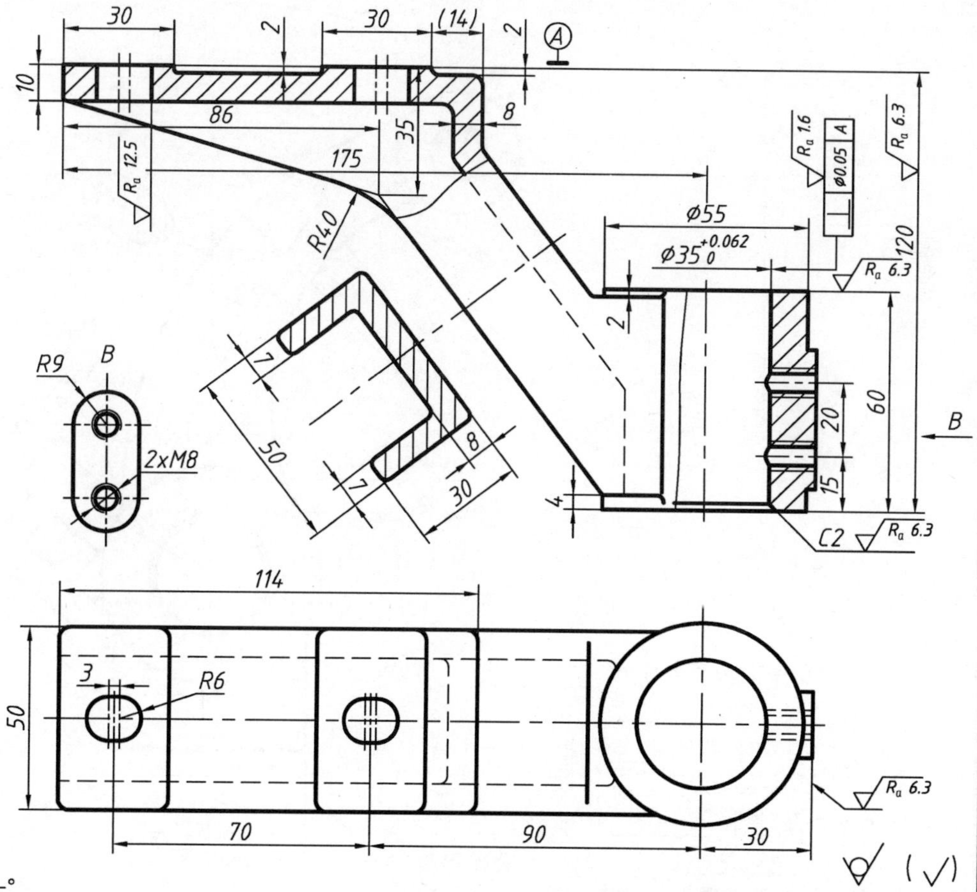

2. 填空题：

（1）该零件图采用_____个视图，其中主视图为______剖视图，视图名为“B”的视图为______视图。

（2）零件右端凸台有____个螺纹孔，公称直径为________，螺距为__________。

（3）该零件中间的连接部分的形状是__________。

（4）图中形位公差项目名称为________，被测要素为______________，基准要素为______________。

技术要求

未注圆角R2~R3。

设计			托　脚	（图号）
工艺				比例 1:1
审核			HT200	（企业名）

班级：　　　　姓名：　　　　学号：

1. 作图题：作出该零件的C-C剖视图。

C-C

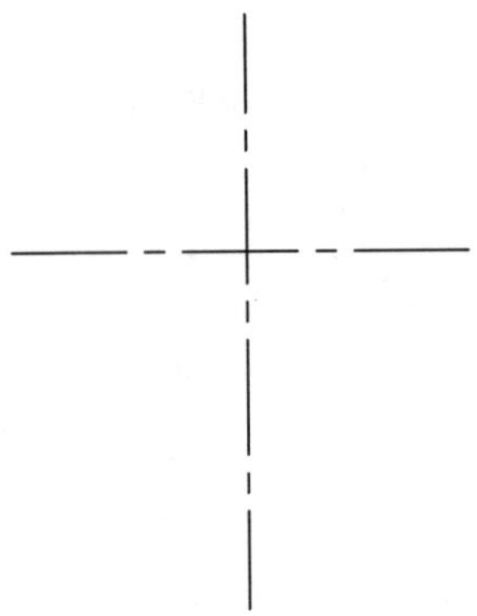

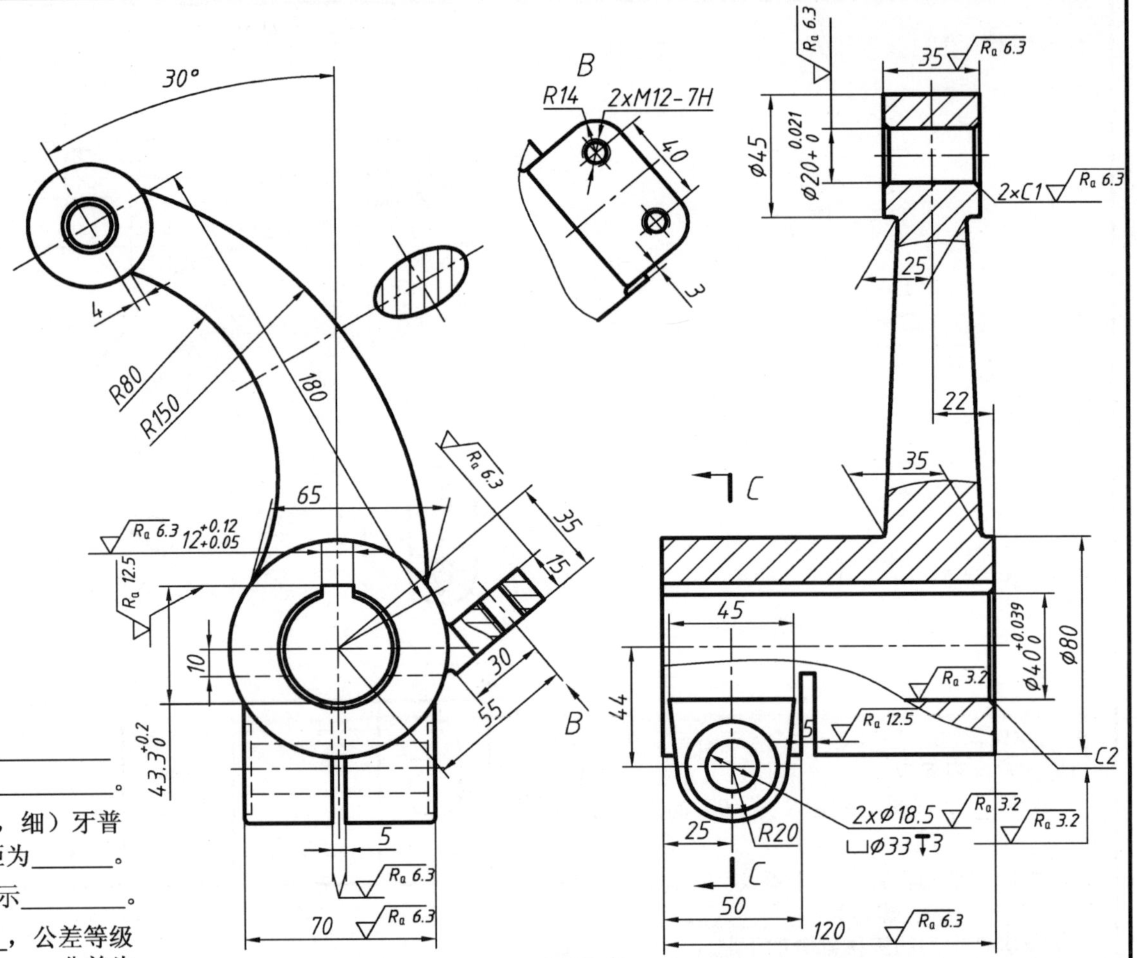

2. 填空题：

(1) 该零件图采用的表达方法有 ____。

(2) 图中2×M12-7H表示的是____（粗，细）牙普通螺纹，公称直径为______，螺距为_______。

(3) 尺寸C2中的C表示_________；2表示_________。

(4) 孔 $\phi20^{+0.21}_{0}$ 基本尺寸为__________，公差等级为____级，基本偏差代号为_______，公差为_____。

技术要求
未注圆角R2～R4。

$\forall$ （√）

设计			弯臂	（图号）	
工艺				比例	
审核			HT250	（企业名）	

　　班级：　　姓名：　　学号：

工作任务：测绘支架，绘制支架零件图。

工作要求：

（1）比例 1∶1；图幅 A3。

（2）表达方案合理。

（3）投影正确。

（4）尺寸基准选择合理。

（5）技术要求标注规范。

（6）线型、字体规范，符合机械制图国家标准要求。

任务指导：

（1）在选择表达方案时，建议选择工作位置放置，主视图考虑整体形象的朝向作投影方向。

叉架类零件主视图通常可采用全剖或局部剖方法。

叉架类零件的其他视图：因为此类零件的结构都比较复杂，一般需用两到三个基本视图表达主体结构，再对局部结构进一步详细表达，如局部视图或带剖切、向视图、断面图、局部放大图、各种简化方法等。

可提出几个表达方案比较，然后选出最佳方案绘图。

（2）选择长、宽、高方向的尺寸基准，建议选择三个方向的重要平面、对称面、轴线等。

（3）技术要求标注采用类比法，参考主教材有关图例并在指导老师的指导下进行。

（4）量具：游标卡尺、千分尺、钢直尺。

测量数值圆整处理。

支架三维实体造型

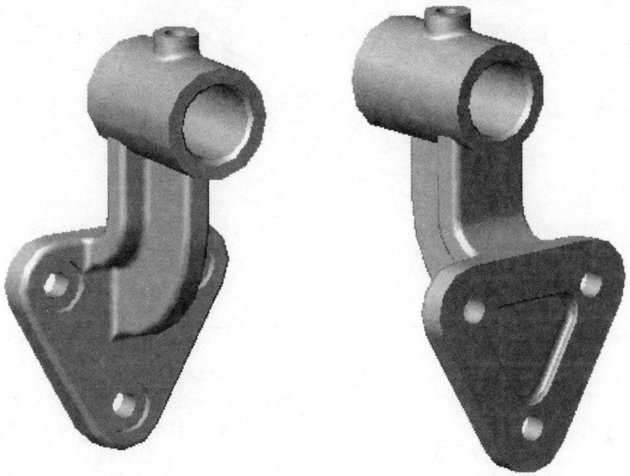

1. 作图题：作出C投影方向的局部视图。

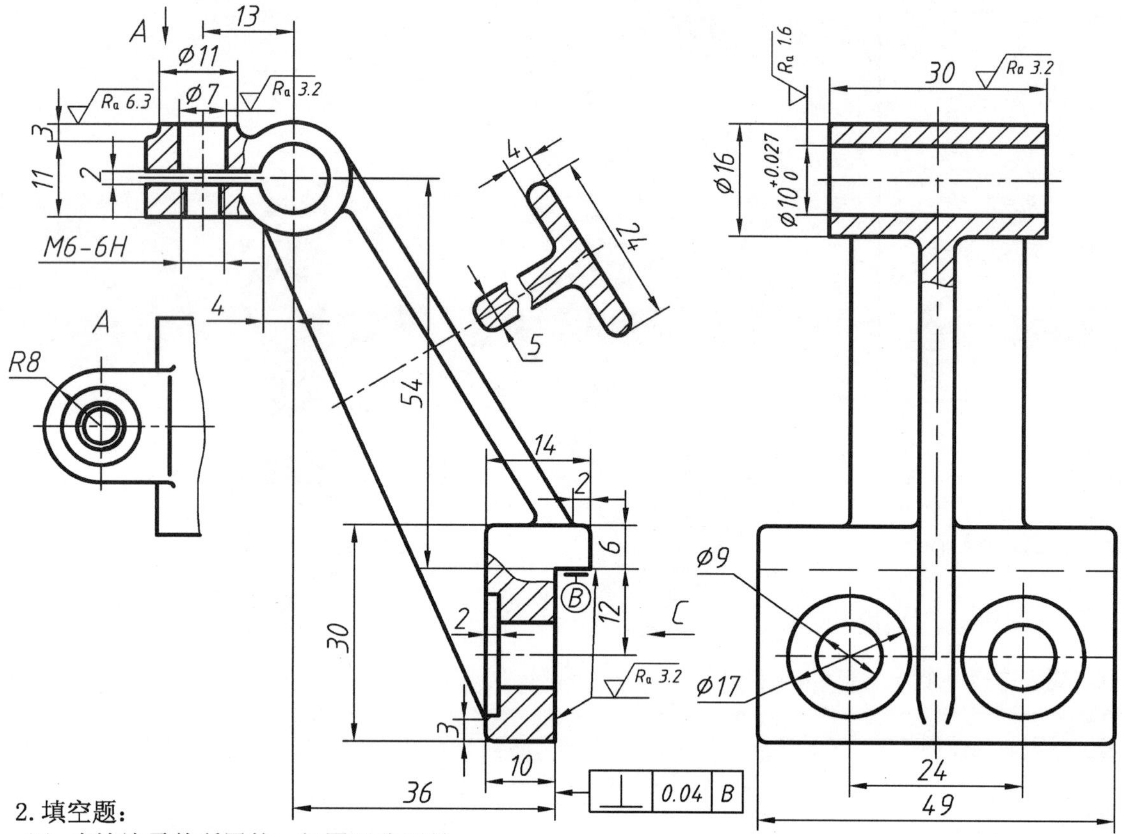

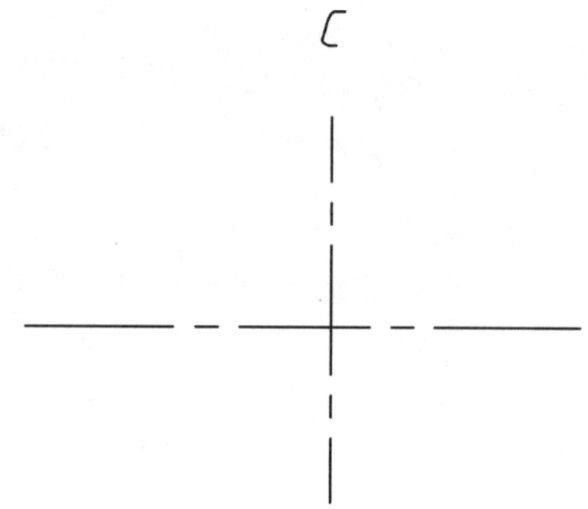

技术要求

1. 未注铸造圆角R2 ~ R4;
2. 未注加工面粗糙度为 Ra 12.5。

(√)

2. 填空题：

（1）表达该零件所用的一组图形分别是________、________、________、________。

（2）此零件的连接部分是一个____形肋板，连接部分的肋板厚度分别为____和____。

（3）尺寸M10-6H中的M表示_______螺纹，10为__________，6H的含义是________________。

（4）框格 ⊥ 0.04 B 表示的形位公差项目是____________，其被测要素是____________________，基准要素是____________________。

设 计			托 架	（图 号）	
工 艺				比 例	1:1
审 核			HT250	（企业名）	

　　班级：　　姓名：　　学号：

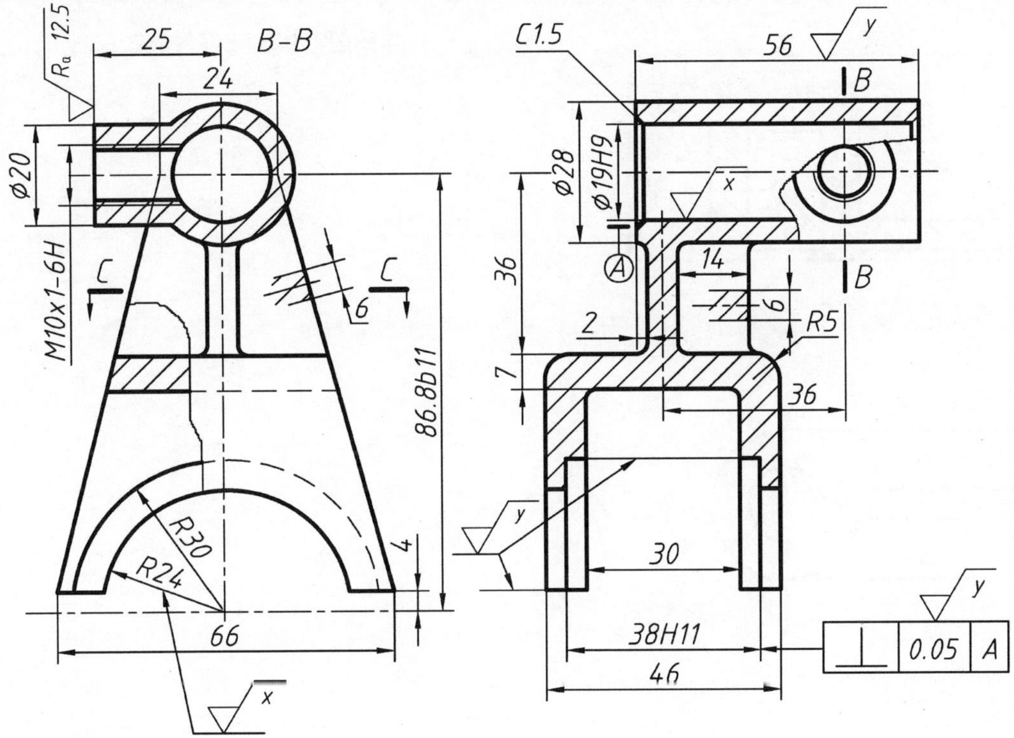

1. 作图题：作出C−C断面图。

C−C

技术要求

1. 未注圆角R3～R5；
2. 铸件不得有气孔、砂眼等缺陷；
3. 铸件应退火处理。

X = Ra 3.2

y = Ra 12.5

(√)

2. 填空题：

（1）该组视图采用了______剖、______剖以及______图表达该零件。

（2）M10×1-6H是______（粗、细）牙普通螺纹，公称直径为______，螺距为______，螺纹的旋向为______。

（3）|⊥|0.05|A|的含义为______。

（4）尺寸38H11查表：基本尺寸是______，公差带代号为______，公差等级为______级，基本偏差代号是______，公差为______。

设计			拔叉	（图号）	
工艺				比例	1:1
审核			HT250	（企业名）	

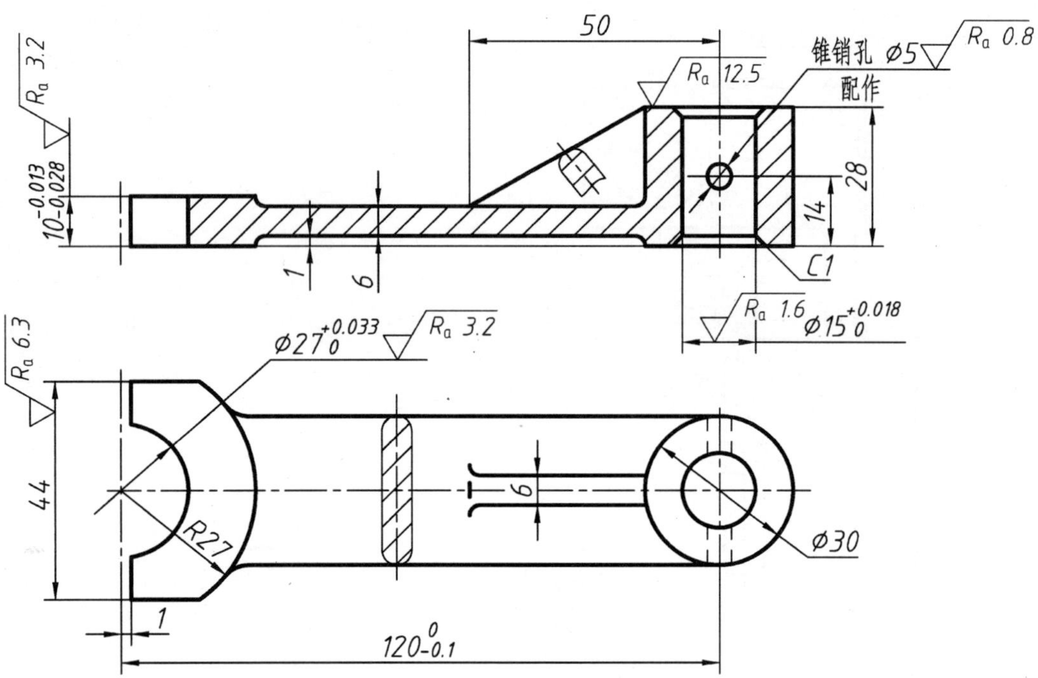

1. 作图题：作出该零件的左视图。

2. 填空题：

（1）该零件图采用了＿＿＿＿＿＿＿＿＿＿＿＿＿＿＿＿＿＿＿的表达方法。

（2）该零件长度方向主要尺寸基准为＿＿＿＿＿＿＿，宽度方向主要尺寸基准为＿＿＿＿＿＿，高度方向主要尺寸基准为＿＿＿＿＿＿。

（3）拨叉中间连接部分底部做成凹槽是为了减少＿＿＿＿＿＿＿＿＿＿面。

（4）尺寸 $\phi 15^{+0.018}_{0}$ 中基本尺寸是＿＿＿，公差带代号为＿＿＿，公差等级是＿＿＿，基本偏差代号是＿＿＿＿，公差为＿＿＿＿＿＿＿＿。

（5）“锥销孔 ϕ5 配作”的含义为＿＿＿＿＿＿＿＿＿＿＿＿＿＿＿＿＿＿＿＿＿。

技术要求

1. 未注圆角 R4 ~ R6;
2. 铸件不得有气孔、砂眼等缺陷。

设计			拨叉	（图号）	
工艺				比例	1:1
审核			HT200	（企业名）	

已知齿轮 $m=2.5$, $z=40$, 外圆倒角$C2.5$, 按比例1∶1完成齿轮的一组视图, 并标注齿顶圆、分度圆尺寸。

m	
z	

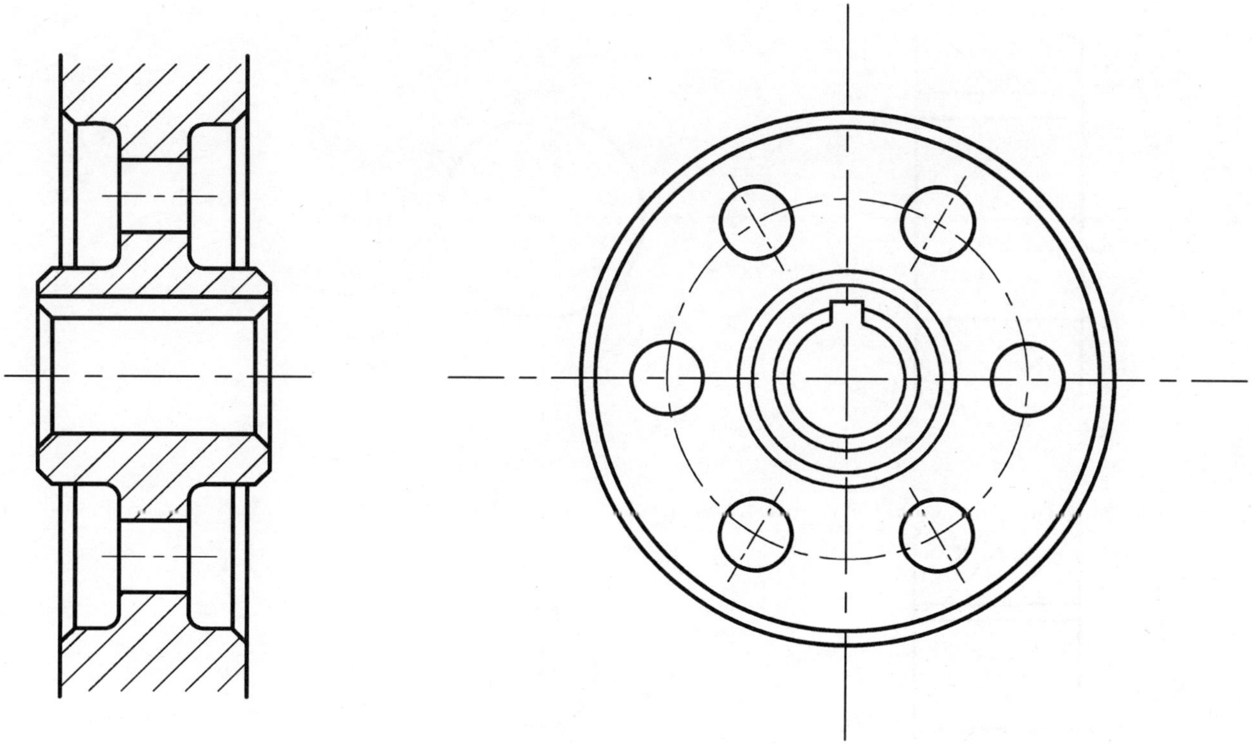

班级：　　　　姓名：　　　　学号：

已知大齿轮m_2=3，z_2=22，两轮中心距a=60，试计算有关尺寸（填入表中），并按比例1∶1绘制啮合图。

z_1	
d_1	
d_{f1}	
d_{a1}	
d_2	
d_{f2}	
d_{a2}	

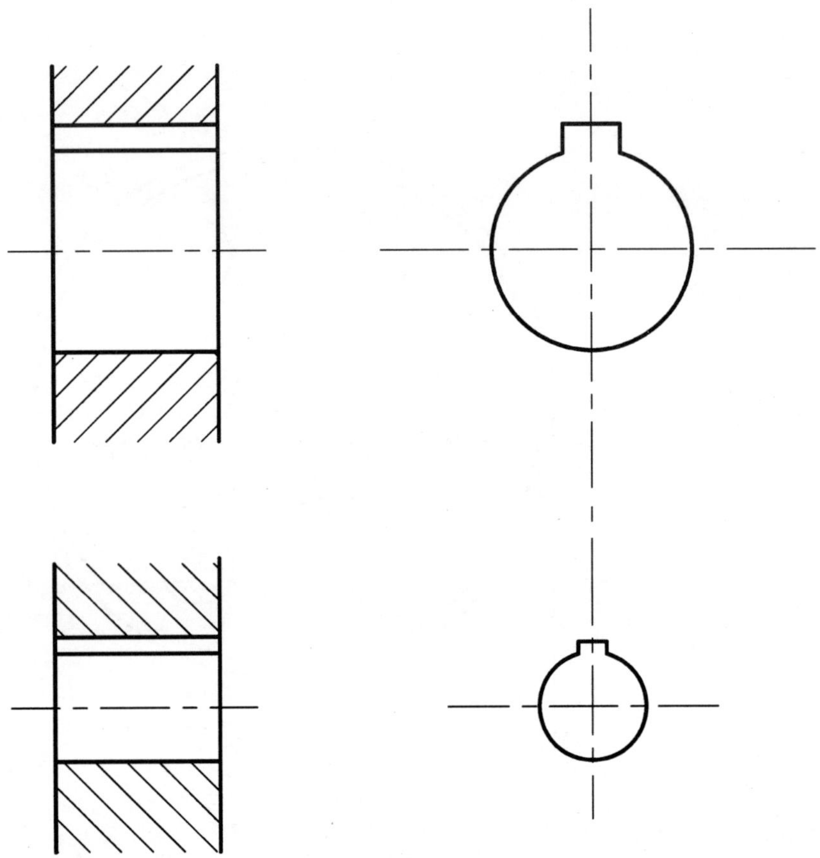

1. 已知轮子孔径 $\phi 25$，轮宽为35。试画出轮子上的键槽，并标注其尺寸。

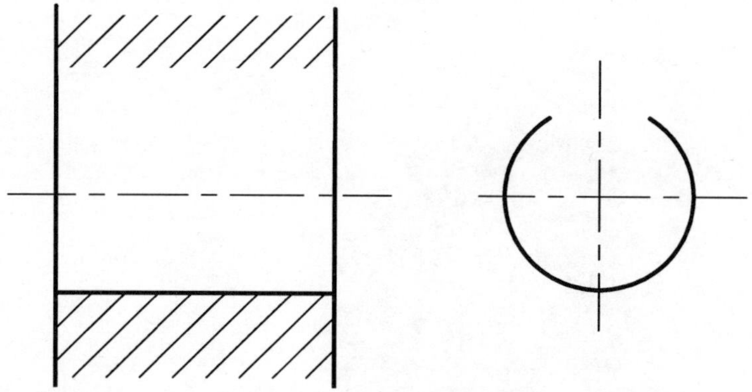

2. 已知轴径 $\phi 25$，试根据轮子的宽度查表确定键槽长度，画出轴上的键槽并标注尺寸。

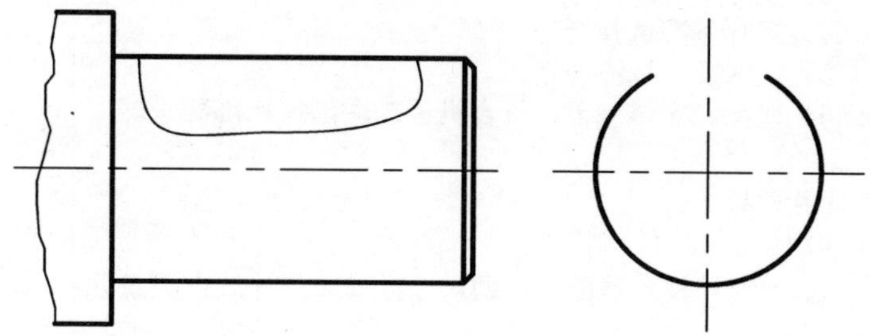

3. 根据1、2题的题意，画出普通平键连接图，(轮紧靠轴肩) 并作B–B剖视图，写出键的规定标记。

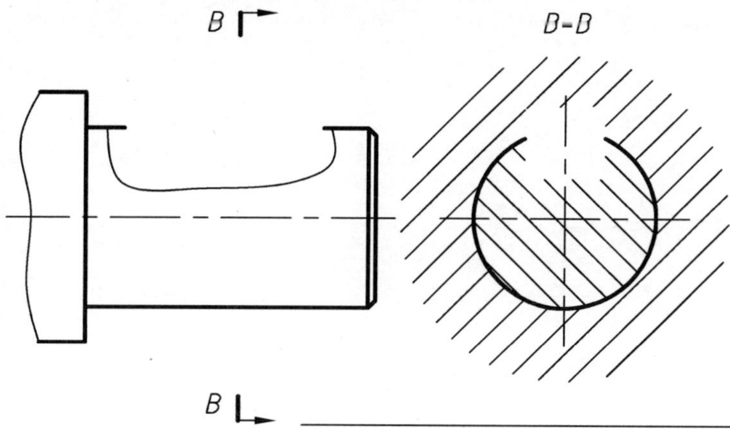

4. 用圆柱销8×40连接轴和套，试画出销连接图，并写出销的规定标记。

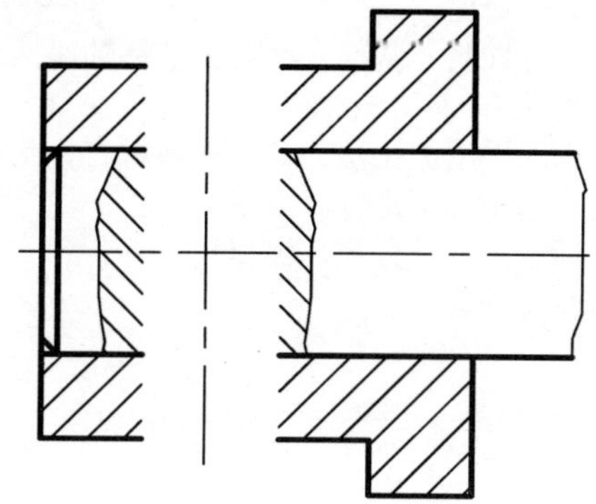

工作任务：测绘齿轮，绘制齿轮零件图。

工作要求：

（1）比例 1∶1；图幅 A4。

（2）表达方案合理。

（3）投影正确。

（4）尺寸基准选择合理。

（5）技术要求标注规范。

（6）线型、字体规范，符合机械制图国家标准要求。

任务指导：

（1）按比例1:1绘制草图。

勾勒视图草图；勾勒尺寸界线、尺寸线；测量并标注尺寸数值。

尺寸数值处理：标准结构查表决定，如轮齿模数、键槽尺寸等。

（2）在选择表达方案时，选择车加工位置放置，主视图可用全剖视图或半剖视图。其他视图：一般绘制左视图，可简化处理。

（3）选择径向、轴向尺寸基准，径向为整体轴线，轴向为大或小端面。

（4）技术要求标注采用类比法，参考主教材有关图例并在指导老师的指导下进行。

（5）量具：游标卡尺、千分尺、钢直尺。

测量数值圆整处理。

齿轮三维实体造型

班级：　　姓名：　　学号：

任务7-5 绘制轴、齿轮、键连接图，标注键的规定标记

（项目任务：参考教材第159～164页）

工作任务：用任务7-4中所测绘的齿轮、如右图所示的轴和查表确定的键规格，绘制齿轮、轴、键连接图。

工作要求：

（1）比例1:1。

（2）视图方案如右图所示。

任务指导：

（1）用类比法确定轴的结构及尺寸。

（2）轴颈直径与齿轮孔相等，螺纹、键槽尺寸由查表确定。

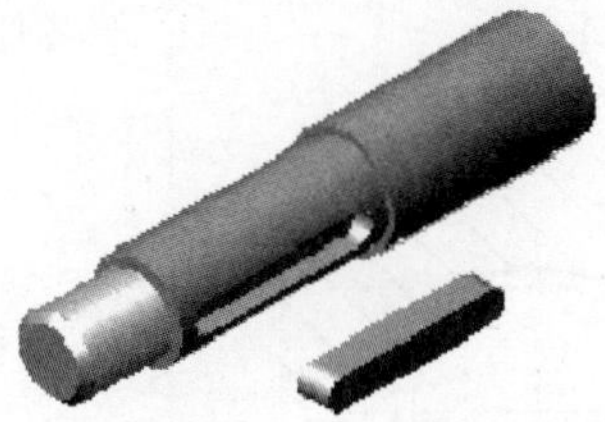

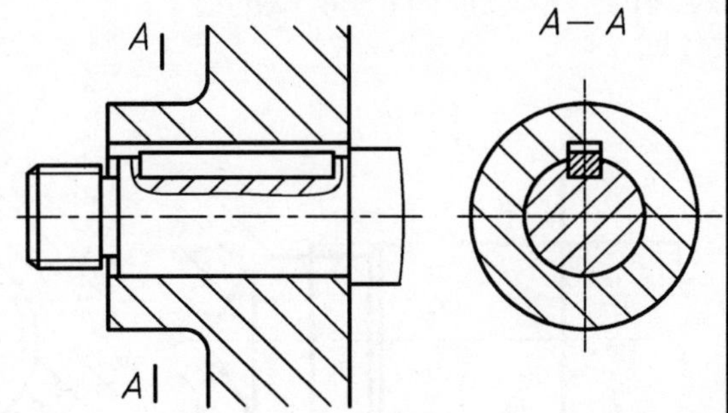

1. 补画螺纹连接图中所缺的线。

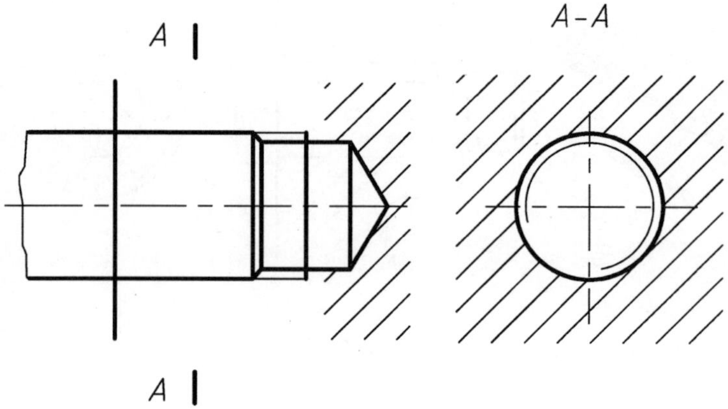

2. 把零件a装入零件b中。

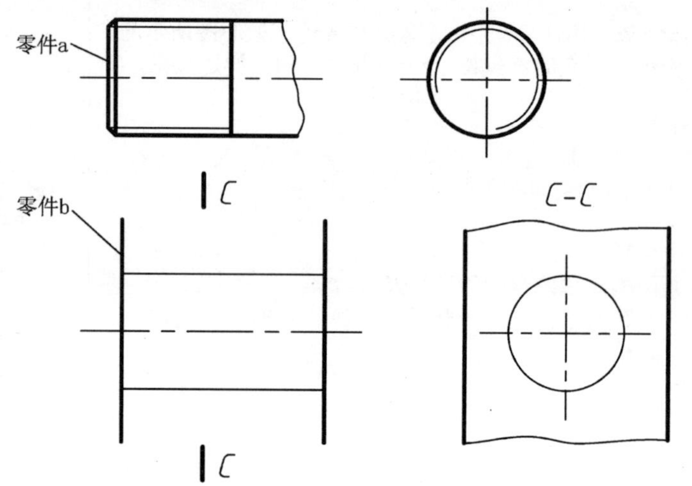

3. 把左边一组零件装入右边零件内。

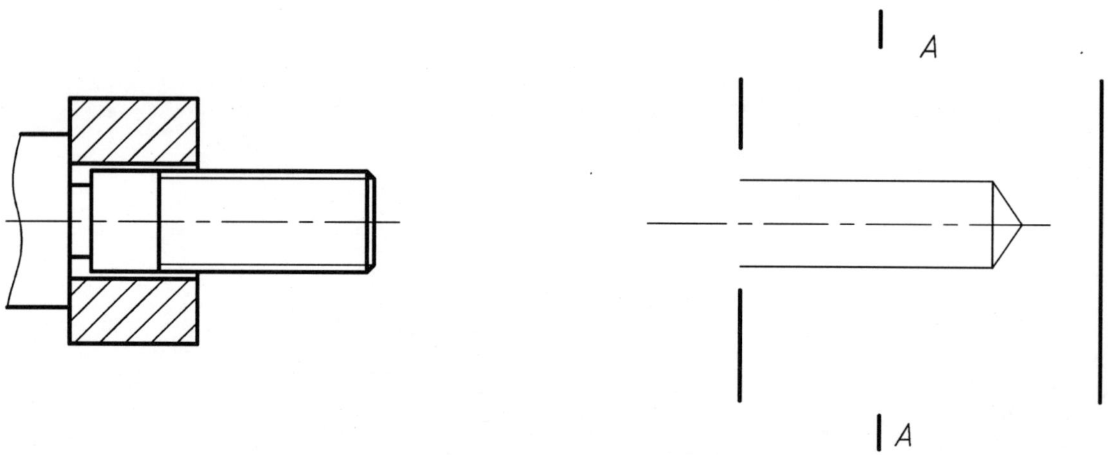

班级：　　姓名：　　学号：

1. 普通螺纹：大径20，螺距2.5，右旋，中、顶径公差带代号为6g，中等旋合长度。

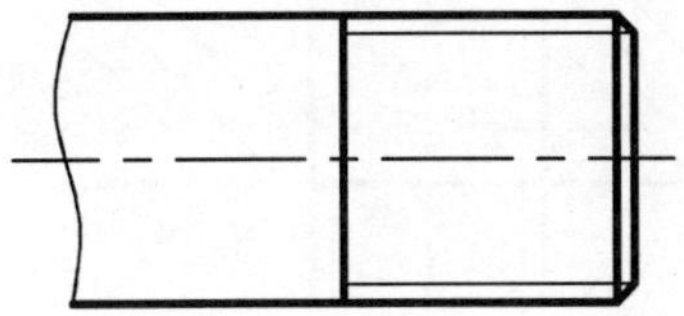

2. 普通螺纹：大径20，螺距2，左旋，中、顶径公差带代号为6H，短旋合长度。

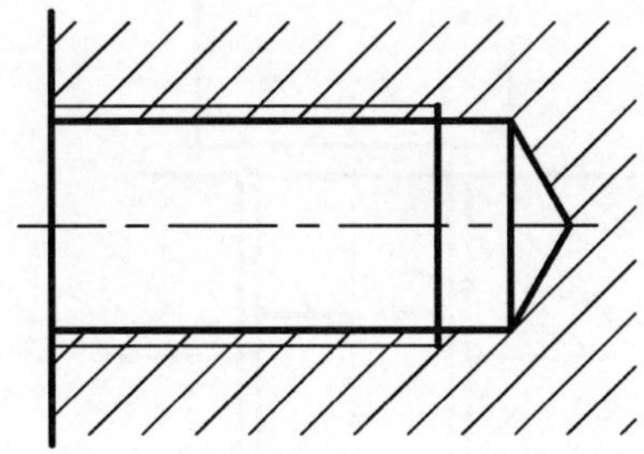

3. 非螺纹密封的管螺纹：尺寸代号为3/4，右旋，A级。

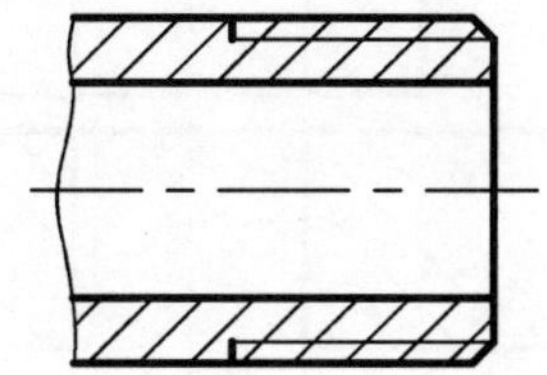

4. 用螺纹密封的管螺纹：尺寸代号为1/2。

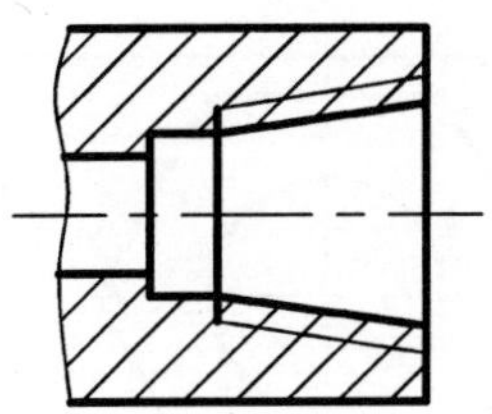

5. 用螺纹密封的管螺纹：尺寸代号为$1\frac{1}{2}$。

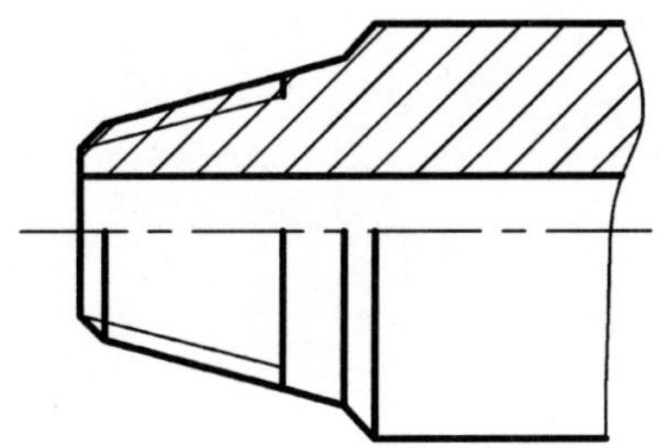

6. 梯形螺纹：公称直径32，螺距6，双线，右旋，中径公差带代号为8H。

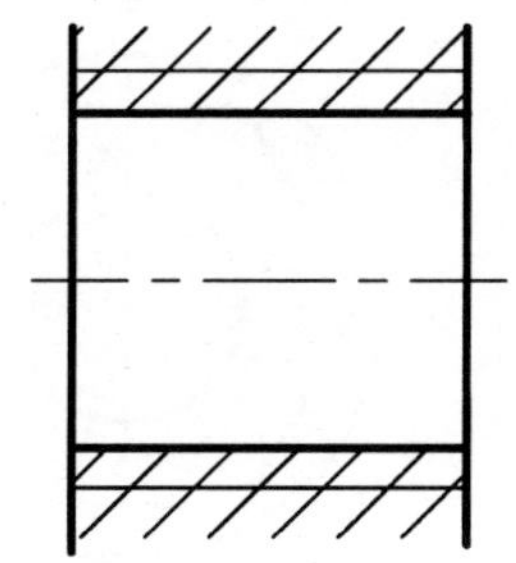

1. 补画螺栓连接中所缺的线。

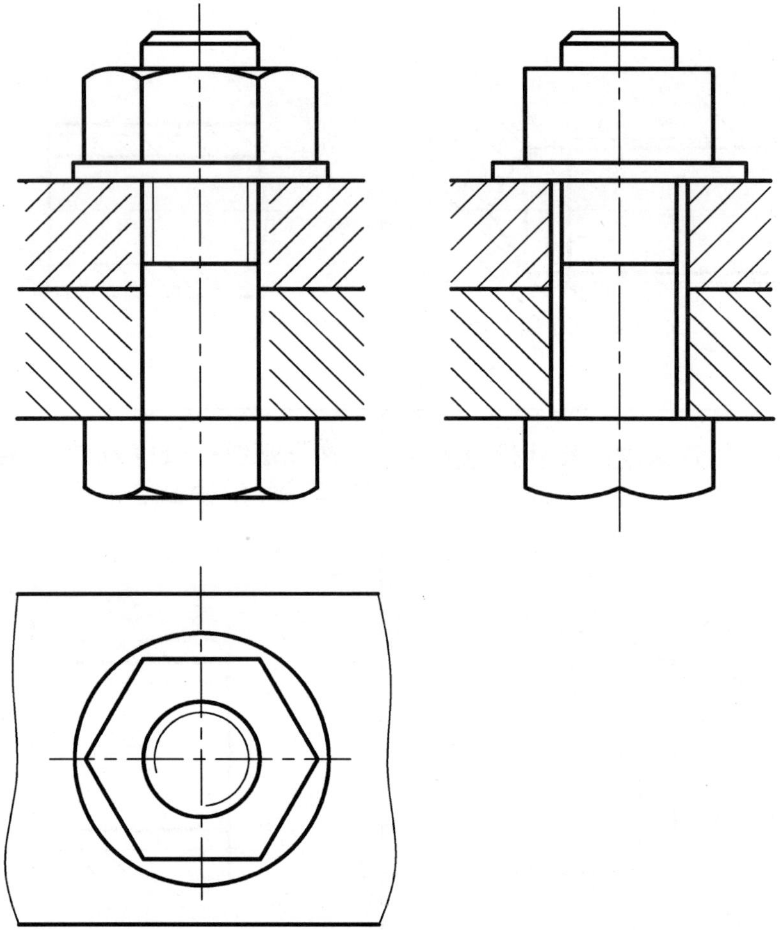

2. 补画双头螺柱连接中所缺的线。

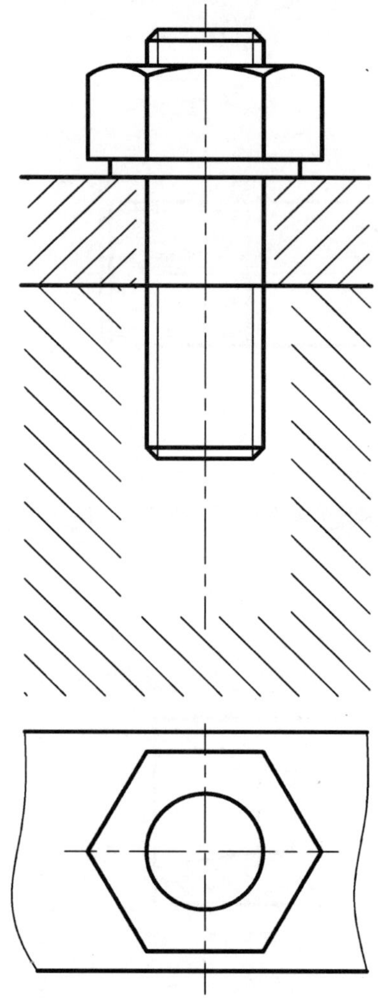

班级：　　　　姓名：　　　　学号：

补画螺钉连接中所缺的线。

1.

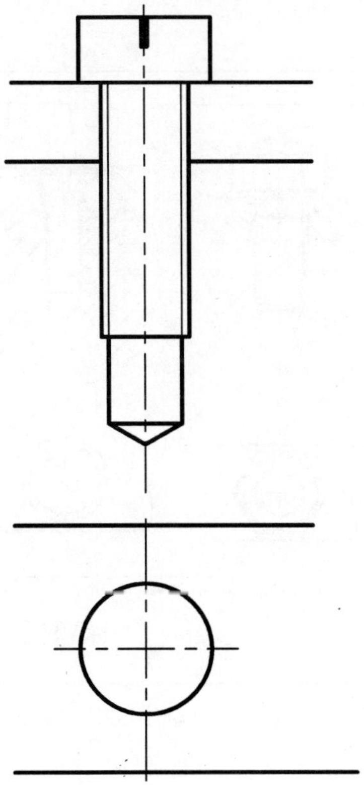

螺钉 M12×35 GB/T 65-2000

2.

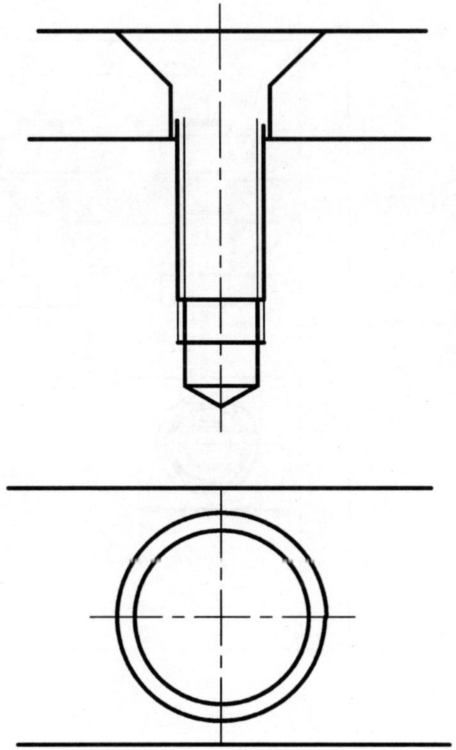

螺钉M12×40 GB/T 68-2000

3.

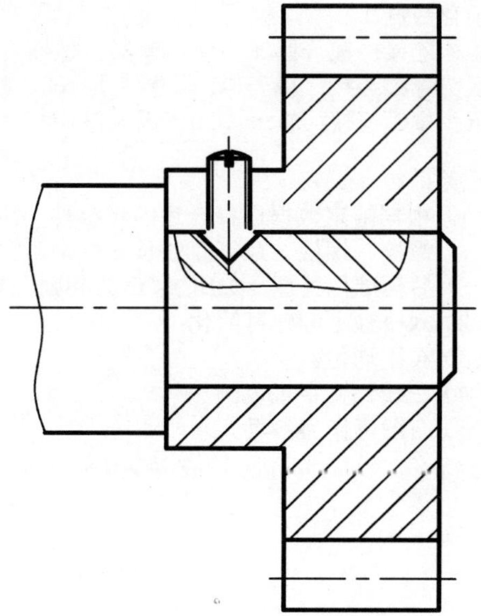

螺钉 M5×12 GB/T 71-2000

班级：　　姓名：　　学号：

工作任务：绘制螺纹连接图。

（螺栓连接、螺柱连接、沉头螺钉连接）

工作要求：

（1）比例1∶1；图幅 A3。

（2）连接图采用比例画法。

（3）图样、标准件标记符合机械制图国家标准要求。

项目数据：

螺栓连接：板一厚20、板二厚24、螺栓直径M20。

双头螺柱连接：板一厚24、板二厚100、螺柱直径M20。

沉头螺钉连接：板一厚20、板二厚100、螺钉直径M16。

任务指导：

（1）根据给定数据选择合适的标准件，注意规格匹配。螺栓、螺柱、螺钉有效长度选定时，先估算，然后标准化处理，如L估算值为48则上靠规格L=50。

（2）六棱柱上倒角可简化。

（3）布图均匀。

（4）图线、文字规范。

（5）右图可作为参考。

下图为螺纹连接图布局（A3图纸）。

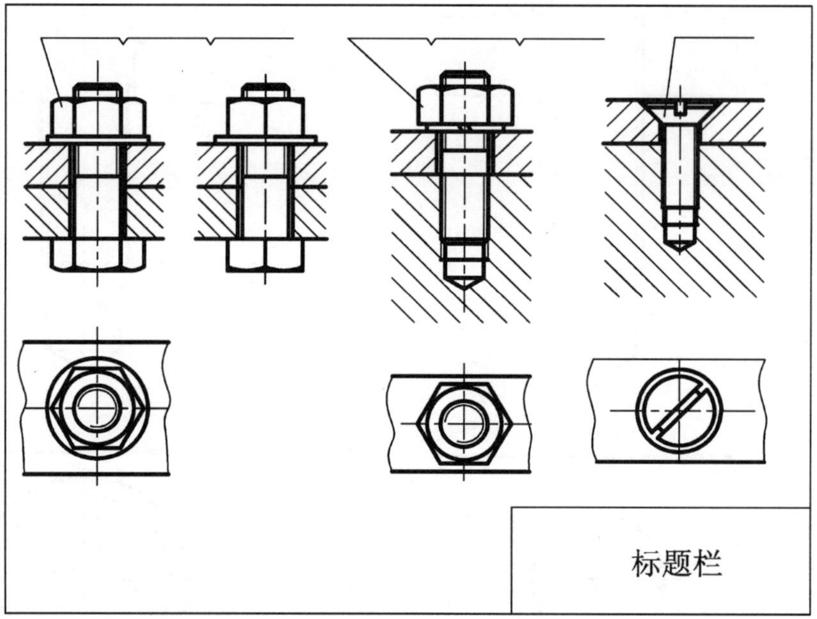

班级： 姓名： 学号：

1. 用简化画法绘制6206轴承（深沟球轴承），并写出规定标记。

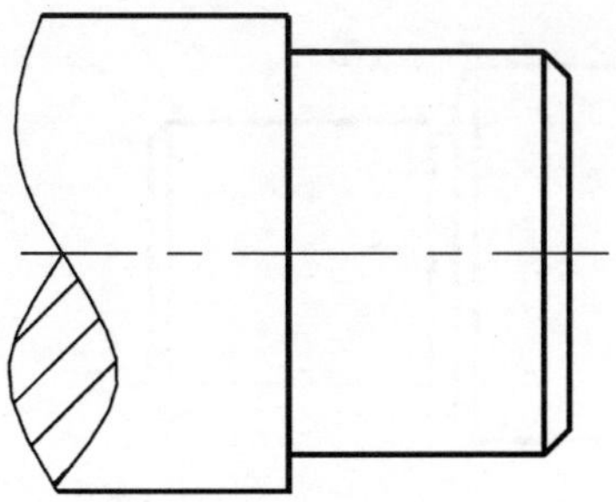

2. 用简化画法画出30306轴承（圆锥滚子轴承），并写出规定标记。

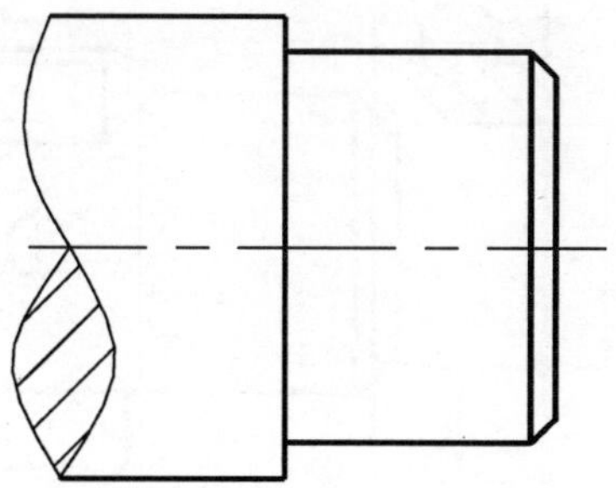

下图为某部件中的一条装配线，轴的支撑点为两个深沟球轴承；齿轮与轴由键和销连接，键起传递动力作用，销也可传递动力，但这里主要作用是实现齿轮的轴向定位，试结合图上尺寸，确定轴承、键、销的型号及规格，用规定标记标注。

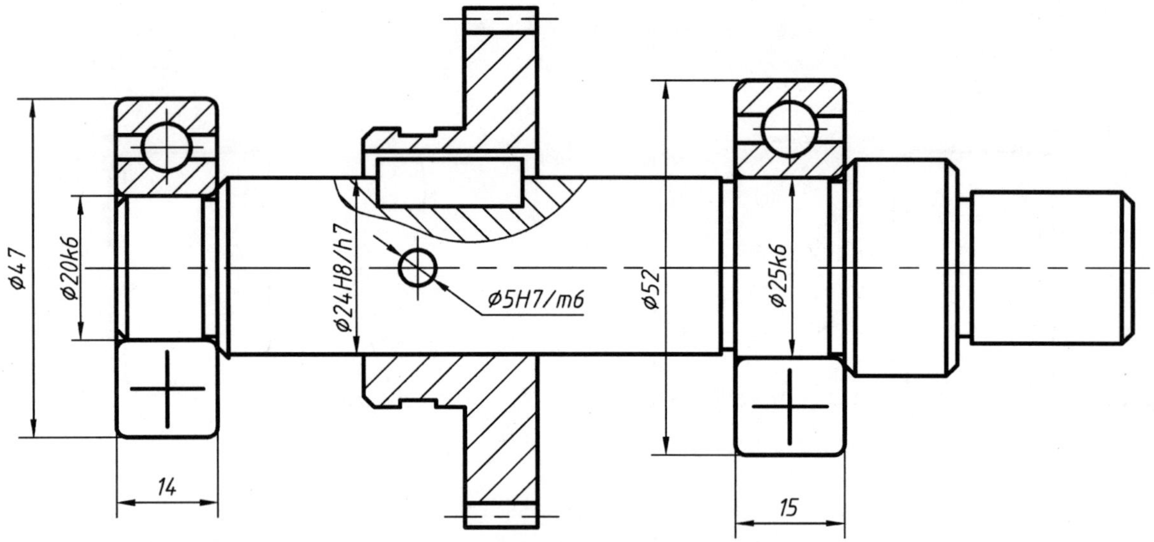

　　班级：　　姓名：　　学号：

已知圆锥齿轮 m=3, z=25, 分度圆锥角 $\delta=55°$， 试完成齿轮的一组视图。

m	
z	

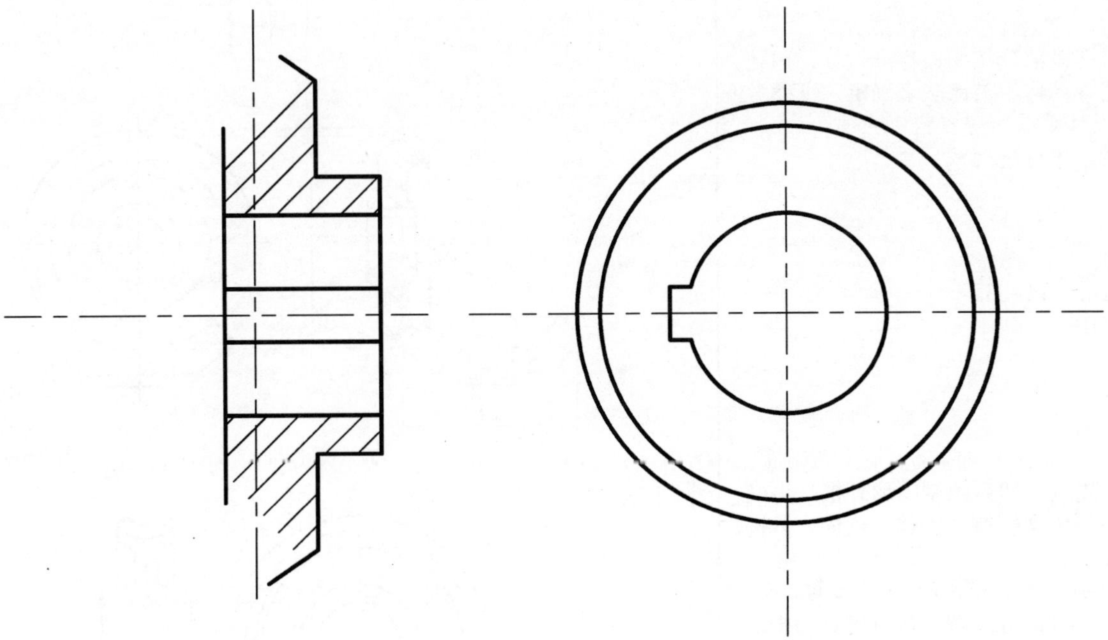

班级：　　　　姓名：　　　　学号：

项目9 蜗轮减速器 任务9-4 绘制轴承装配图，用类比法设计圆锥齿轮、蜗轮与蜗杆，绘制啮合图 （项目任务：参考教材第182～187页）

工作任务： 绘制轴承装配图；
用类比法设计圆锥齿轮，绘制啮合图；
用类比法设计蜗轮、蜗杆，绘制啮合图。

任务要求：

（1）比例 1∶1。
（2）轴承采用比例画法、简化画法，图幅A3。
（3）设计齿轮时轮齿、键槽部分按相关标准设计，内孔、轮毂、轮辐、齿宽等结构用类比法来确定，可参考主教材、《机械零件设计手册》等资料。
（4）图样符合机械制图国家标准要求。

项目数据：

滚动轴承：6305、30306。
圆锥齿轮：m=4， z_1=20， z_2=35。
蜗　　轮：m=4， z_2=30。
蜗　　杆：z_1=1。
直径系数：q=10。

任务指导：

（1）绘制滚动轴承时，先查表然后绘制图形外框，再确定滚动体圆心，然后依次绘制滚动体、内圈、外圈。注意要注写规定标记。
（2）设计圆锥齿轮，绘制啮合图采用下面三个步骤。
第一步，计算轮1、轮2的分度圆、齿顶圆、齿根圆。
第二步，类比法设计轮毂、轮缘、轮辐。
第三步，绘制啮合图。
（3）设计蜗轮、蜗杆，绘制啮合图的步骤同上。

参考图例：

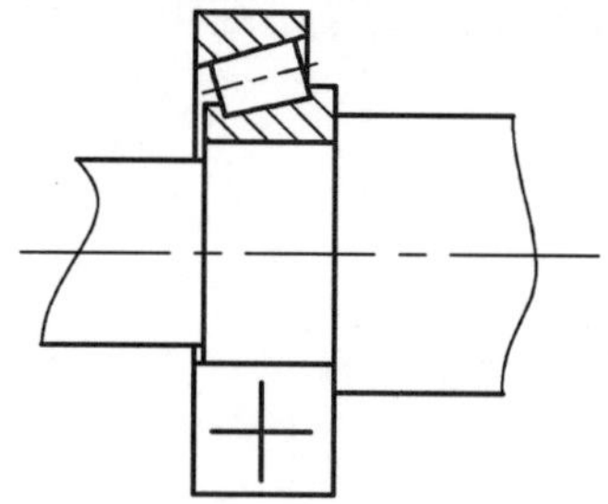

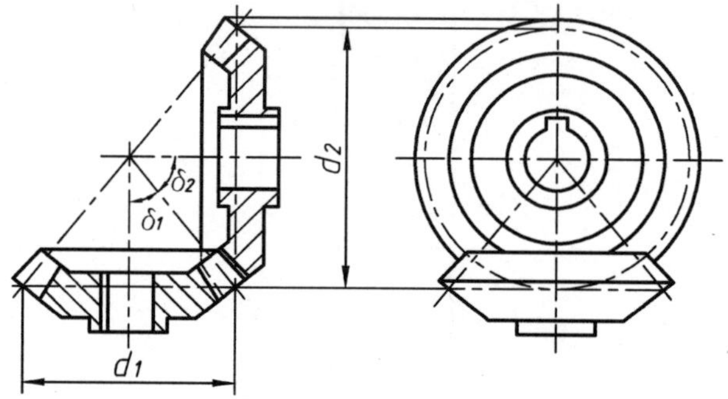

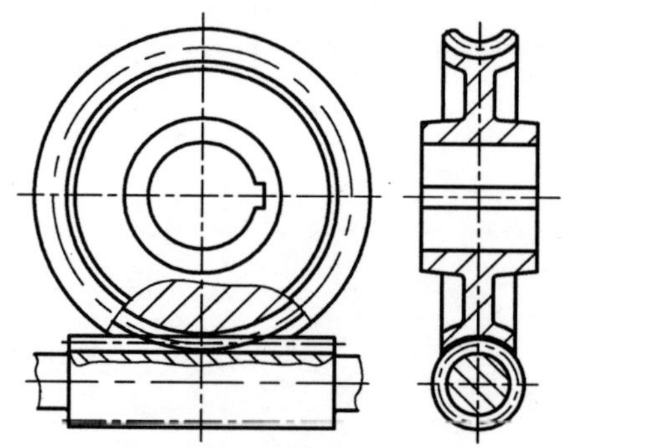

支顶装配示意图

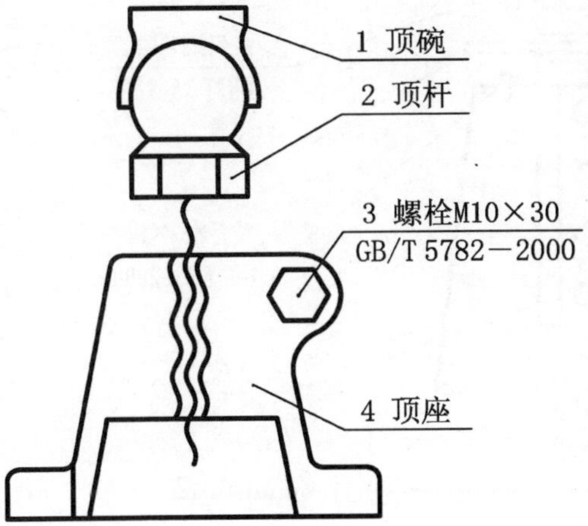

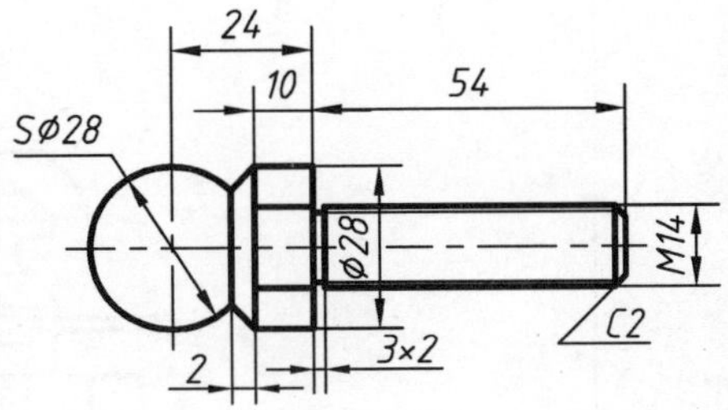

名称	数量	材料
顶杆	1	45

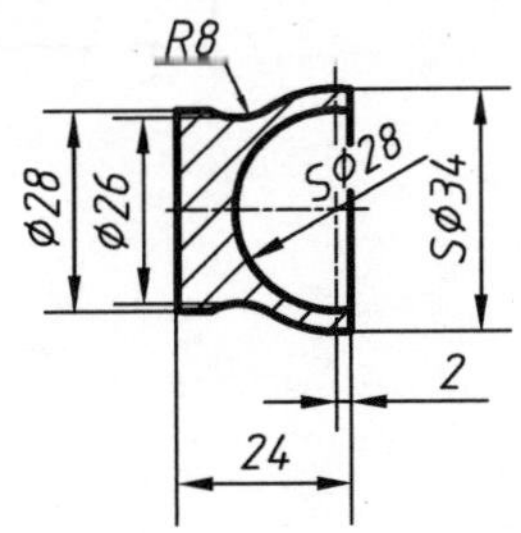

名称	数量	材料
顶碗	1	45

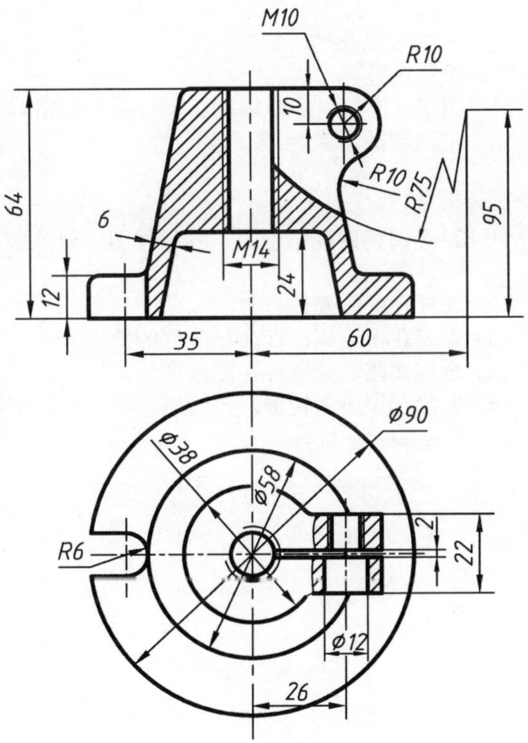

名称	数量	材 料
顶座	1	HT200

工作任务：拼绘千斤顶装配图。

任务要求：

（1）比例 1∶1。

（2）表达方案合理。

（3）投影正确。

（4）图线、文字、序号编制、零件明细栏格式等符合机械制图国家标准要求。

任务指导：

（1）仔细阅读装配示意图、各零件图，熟悉部件构造、零件构造。

（2）选择合理的表达方案。

（3）查表获得绘制、标注标准件的数据。

（4）合理布图，绘制各视图基准线。

（5）先绘制顶座主轮廓，再绘制顶杆，最后由里到外依次绘制其他零件。

千斤顶装配示意图

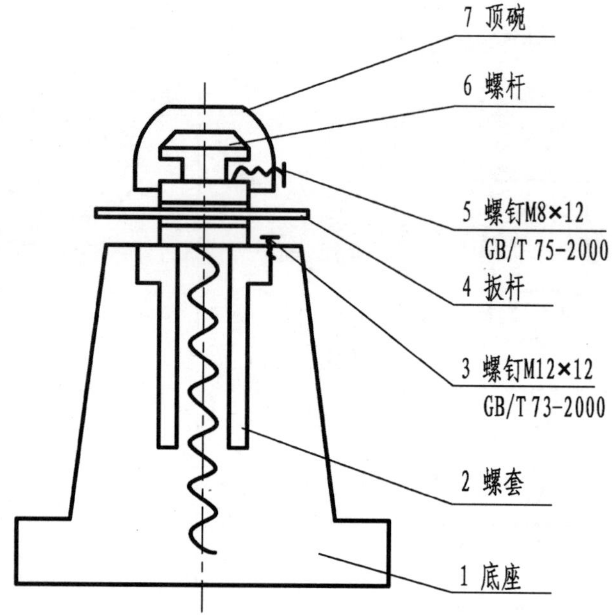

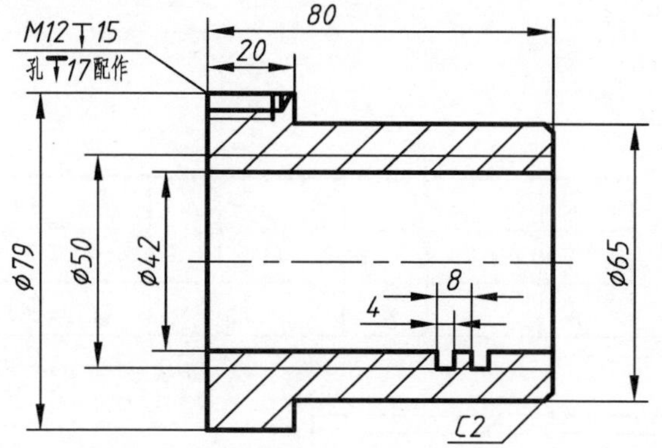

设 计			螺 母	（图 号）	
工 艺				比 例	1:2
审 核			45	（企业名）	

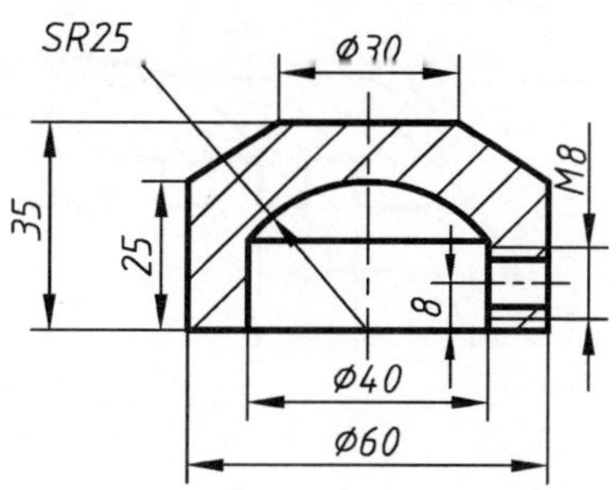

设 计			顶 碗	（图 号）	
工 艺				比 例	1:2
审 核			15	（企业名）	

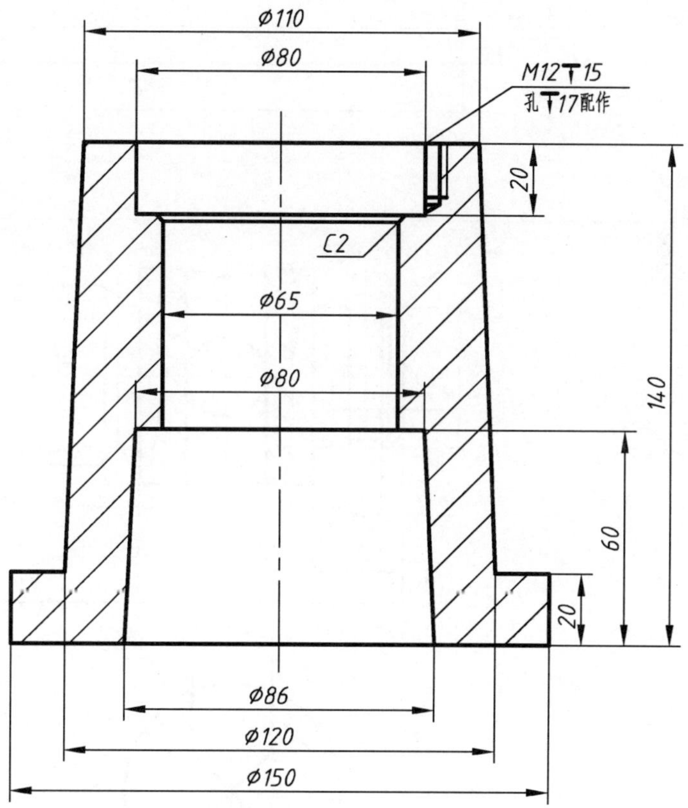

设 计			底 座	（图 号）	
工 艺				比 例	1:2
审 核			HT200	（企业名）	

班级：　　　　姓名：　　　　学号：

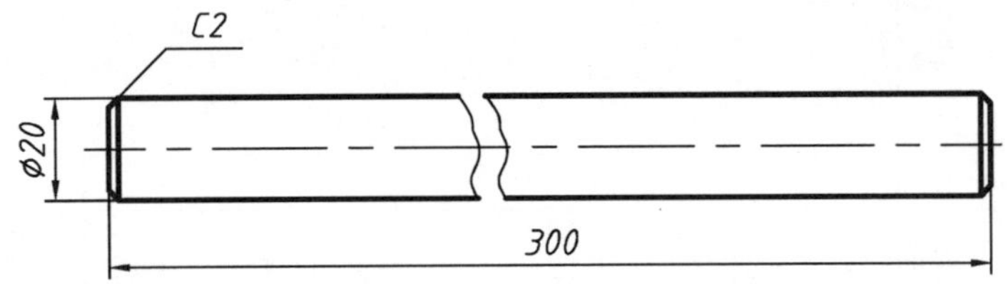

设计			扳杆	(图号)	
工艺				比例	1:2
审核			15	(企业名)	

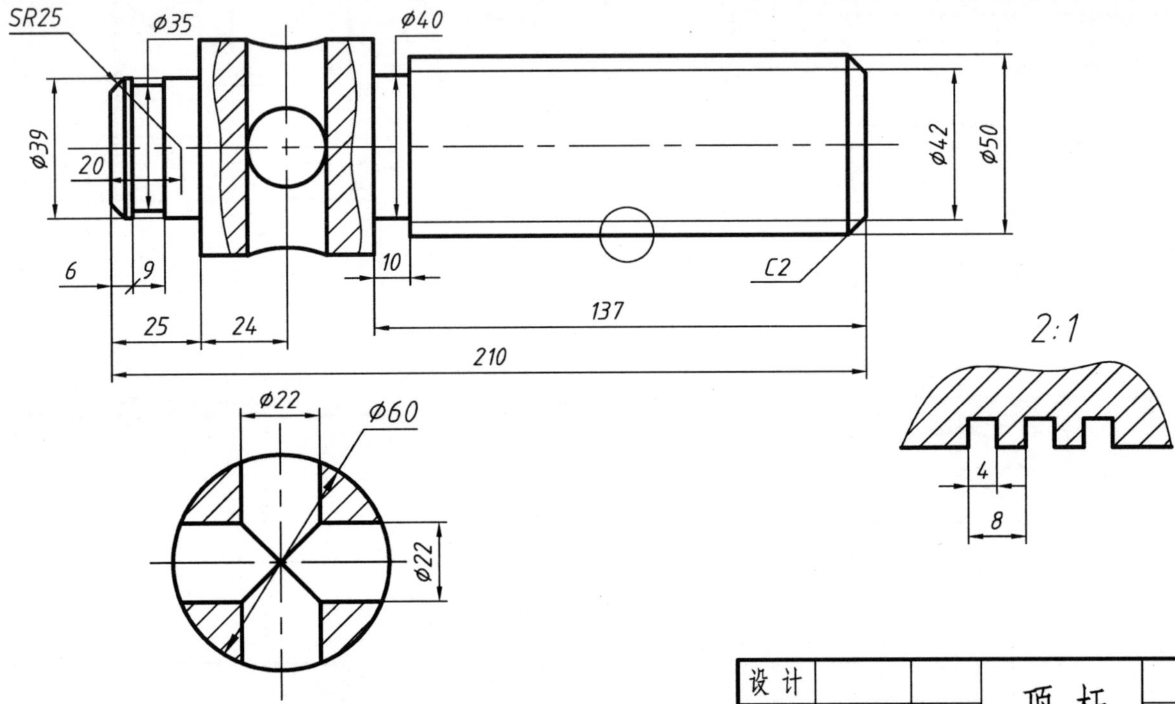

设计			顶杆	(图号)	
工艺				比例	1:2
审核			45	(企业名)	

　　班级：　　姓名：　　学号：

说明下表中所示配合代号的意义，并在零件图中标注偏差值。

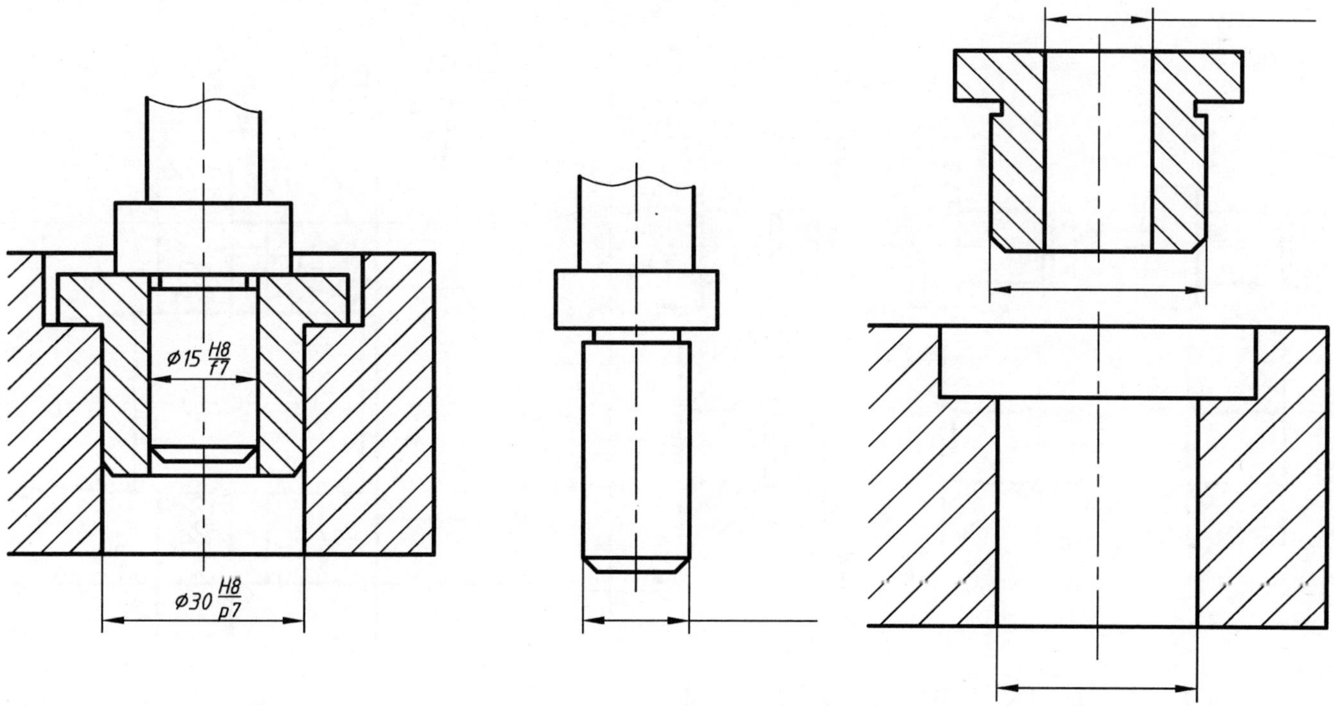

配合代号	基本尺寸	基准制	配合种类	公差等级		孔偏差值		轴偏差值	
				轴	孔	上	下	上	下
$\phi15\frac{H8}{f7}$									
$\phi30\frac{H8}{p7}$									

班级：　　　　姓名：　　　　学号：

1. 按下列三组零件图的轴、孔尺寸及公差，在装配图中作相应的标注。

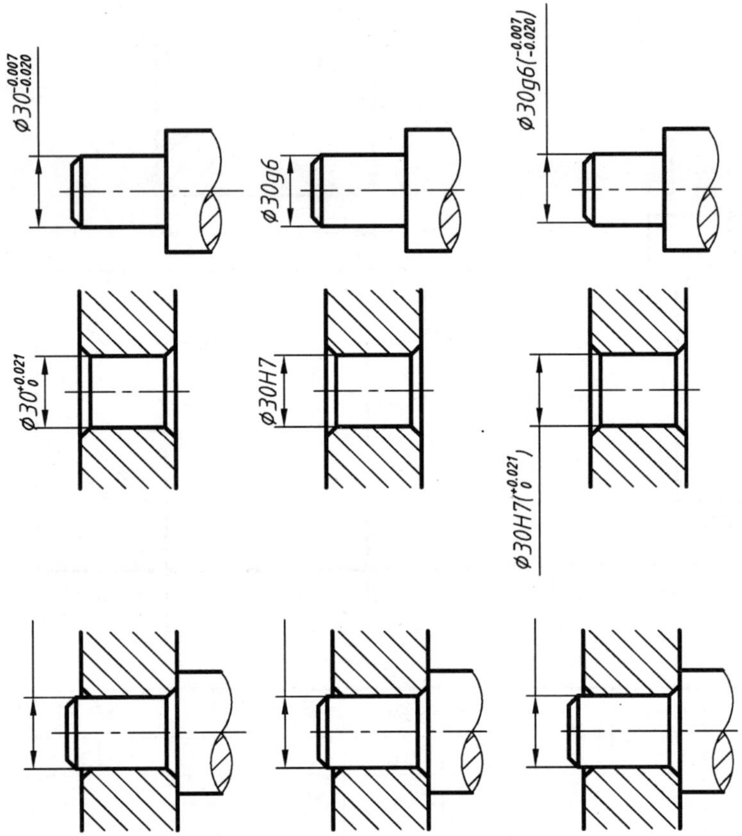

2. 按所给出的各轴、孔的极限偏差值，查表找出相应的公差带代号，并将其标注在装配图中。

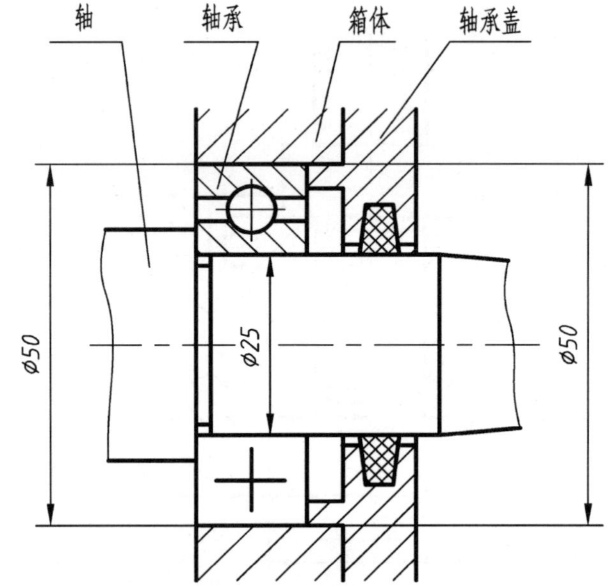

轴径 $\phi25^{+0.015}_{+0.002}$

轴承内孔 $\phi25^{+0.021}_{0}$

轴承外圈 $\phi50^{0}_{-0.016}$

箱体孔 $\phi50^{+0.007}_{-0.018}$

轴承盖左端外圆 $\phi50^{-0.025}_{-0.050}$

把装配图上的公差代号标注在零件图的相应位置上。

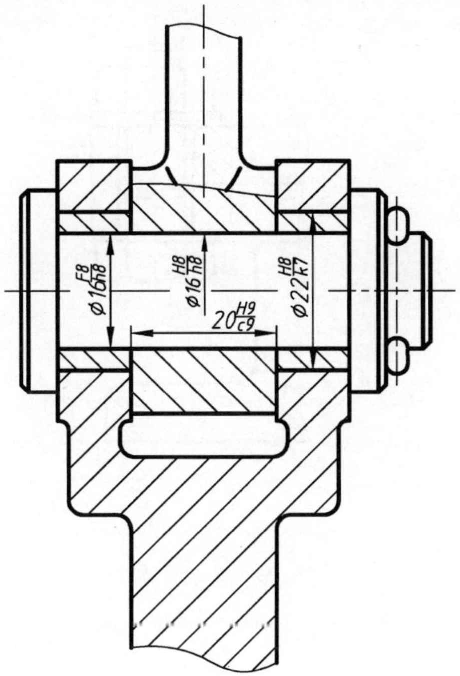

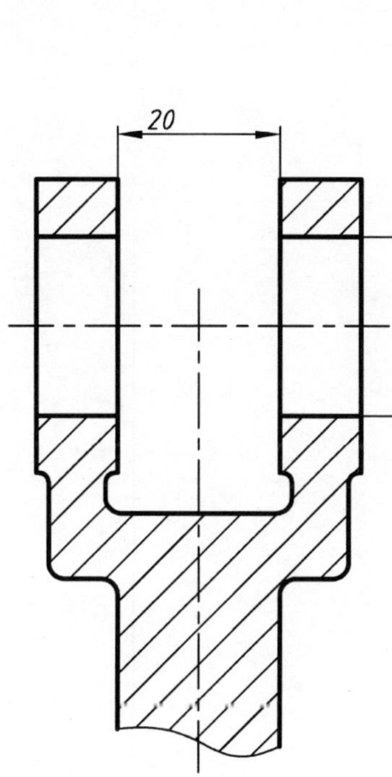

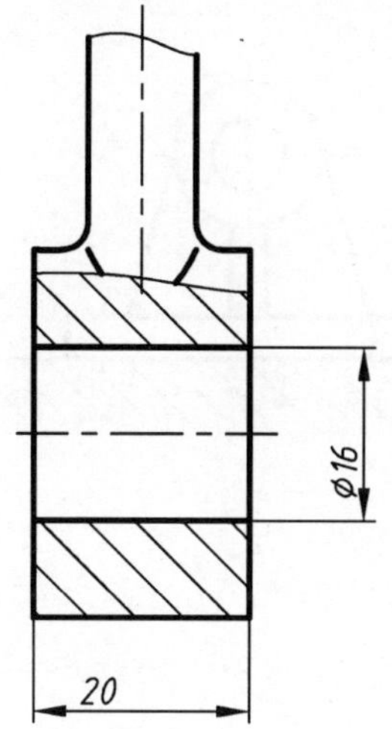

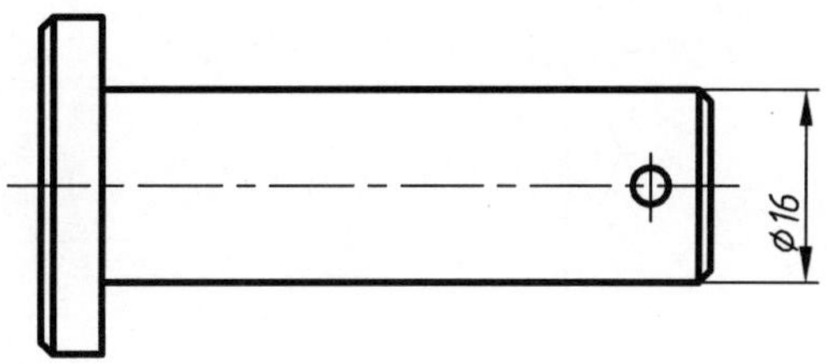

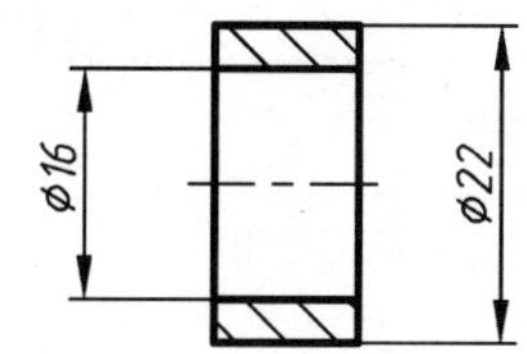

指出下列图中装配结构的不合理处，将优化后的结构画在附近（徒手绘制）。

1.

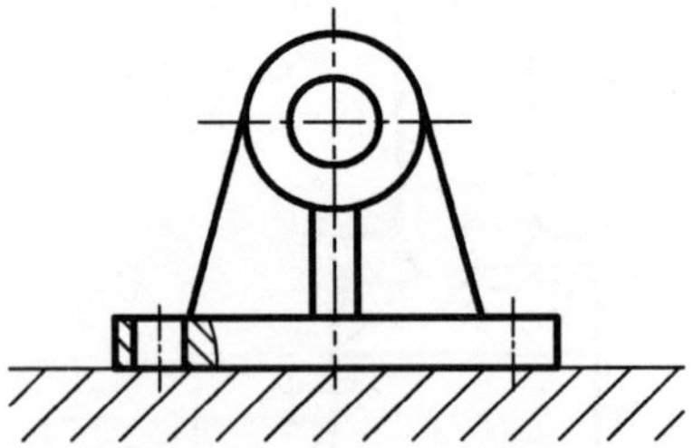

2.

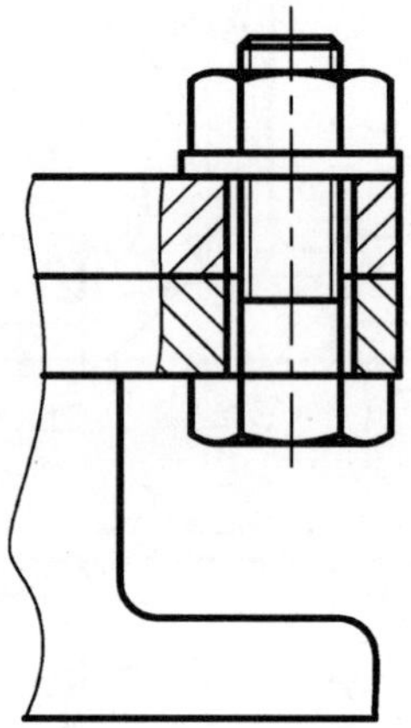

3.

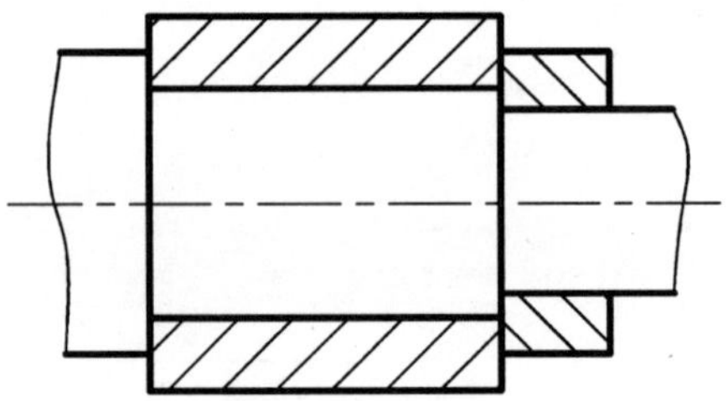

指出下列图中装配结构的不合理处，将优化后的结构画在附近（徒手绘制）。

1.

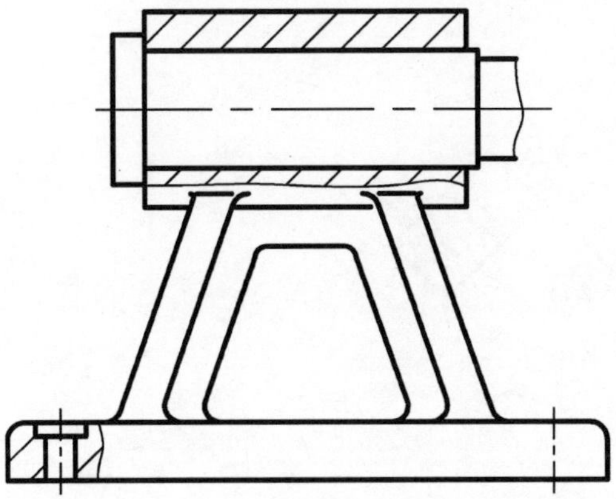

2.

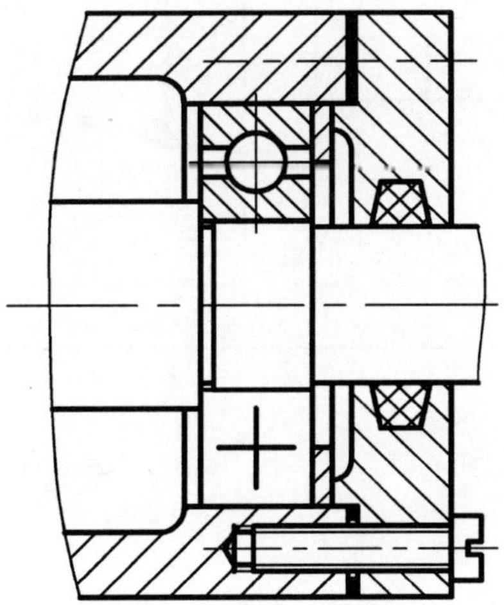

旋塞装配示意图

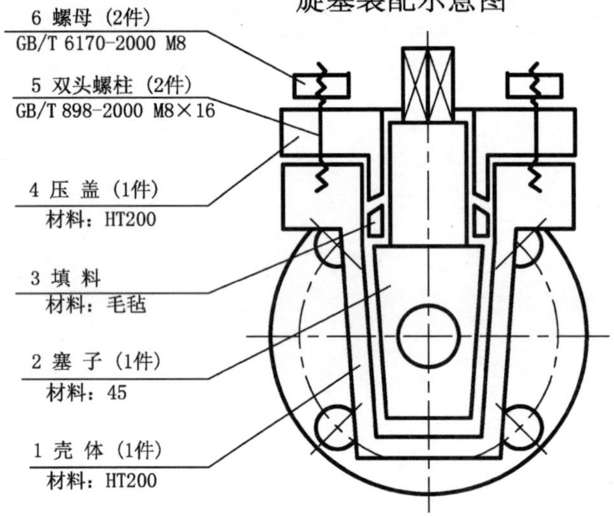

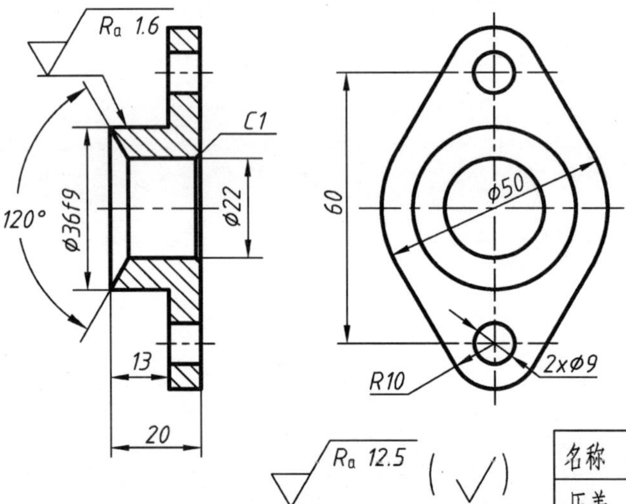

名称	材料	数量
压盖	HT200	1

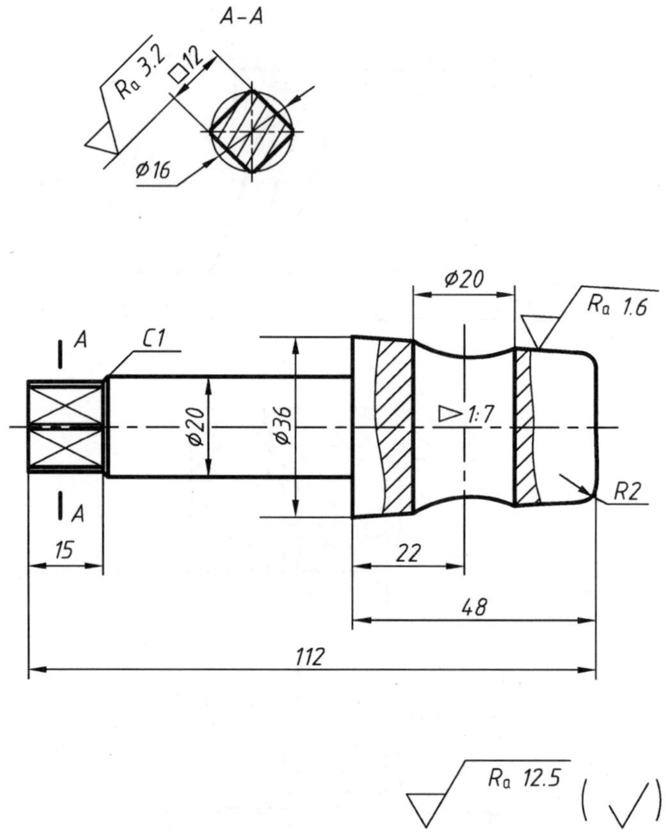

名称	材料	数量
塞子	45	1

班级：　　　　姓名：　　　　学号：

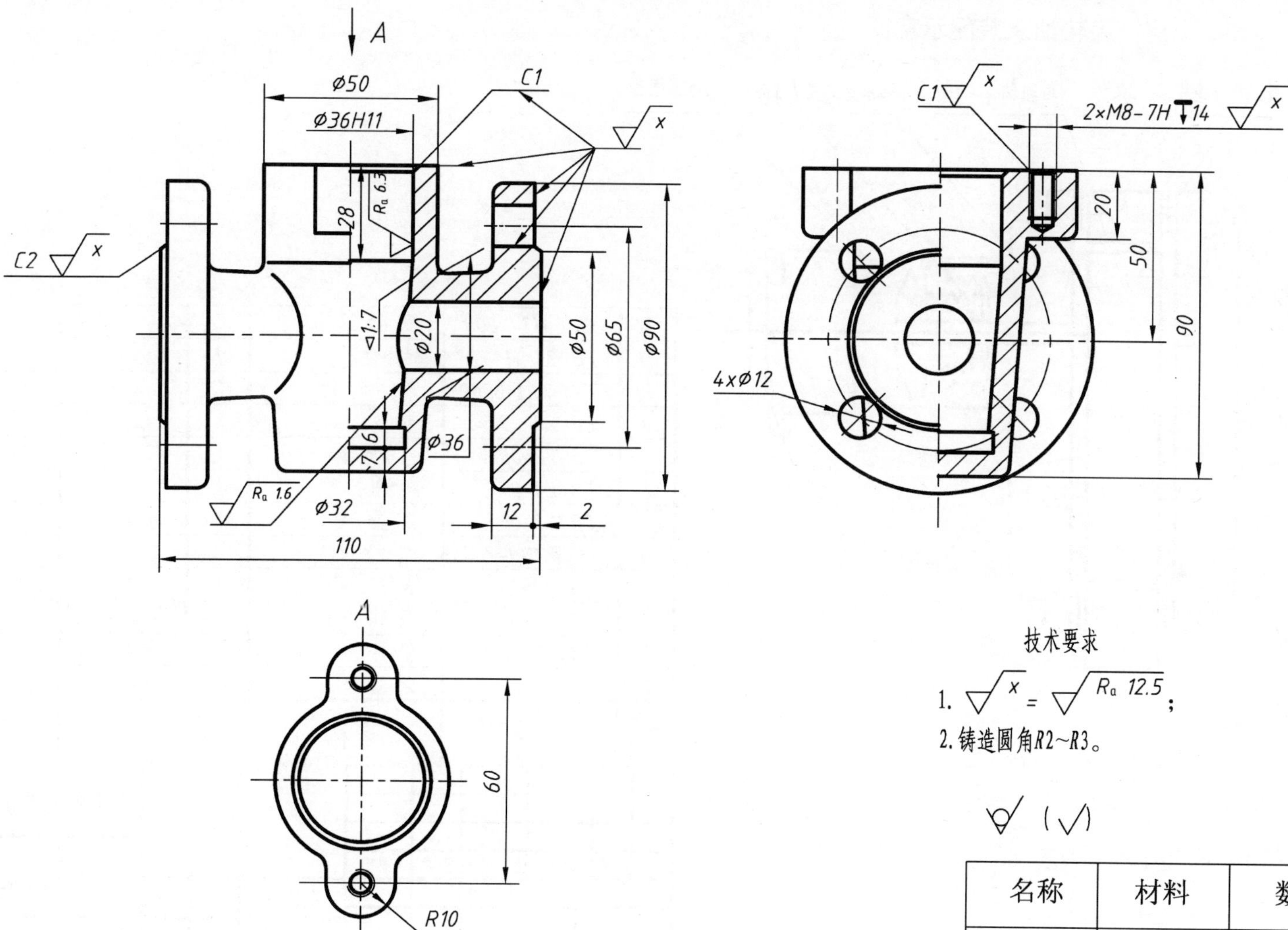

技术要求

1. $\sqrt{x} = \sqrt{Ra\ 12.5}$；

2. 铸造圆角R2～R3。

$\sqrt{}$ （$\sqrt{}$）

名称	材料	数量
壳体	HT200	1

班级： 姓名： 学号：

齿轮油泵装配示意图

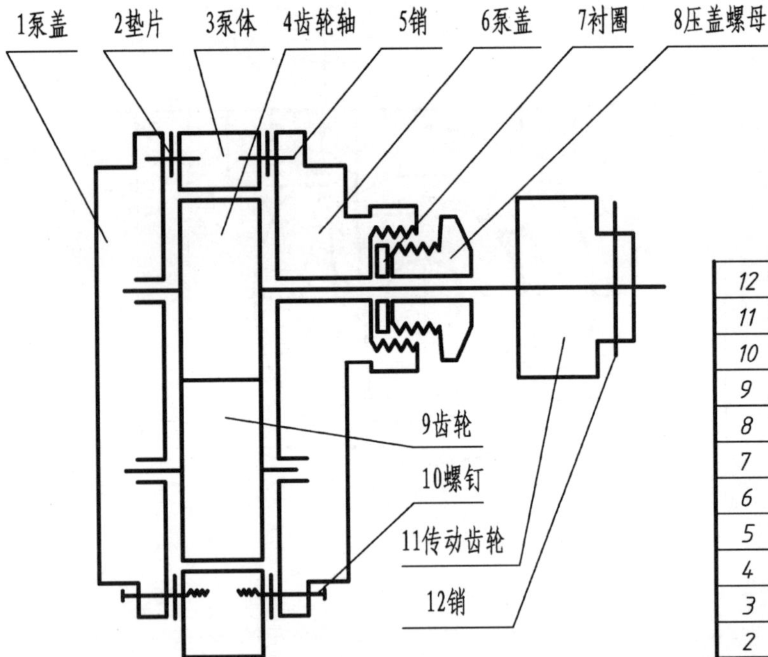

序号	代号	名称	数量	材料	备注
12	GB/T 117-2000	销 4×32	1		
11	CB-27-11	传动齿轮	1	45	
10	GB/T 70.1-2000	螺钉 6×15	12		
9	CB-27-09	齿 轮	1	45	m=3 Z=9
8	CB-27-08	压盖螺母	1	35	
7	CB-27-07	衬 圈	1		
6	CB-27-06	泵 盖	1	HT200	
5	GB/T119.1-2000	销 5×18	4		
4	CB-27-04	齿轮轴	1	45	m=3 Z=9
3	CB-27-03	泵 体	1	HT200	
2	CB-27-02	垫 片	2	厚纸	
1	CB-27-01	泵 盖	1	HT200	

标记	处数	分区	更改文件号	签名	年月日				（企业名）
设计			标准化			阶段标记	重量	比例	齿轮油泵
								1:1	
审核									CB-27-00
工艺			批准			第 张	共 张		

班级：　　姓名：　　学号：

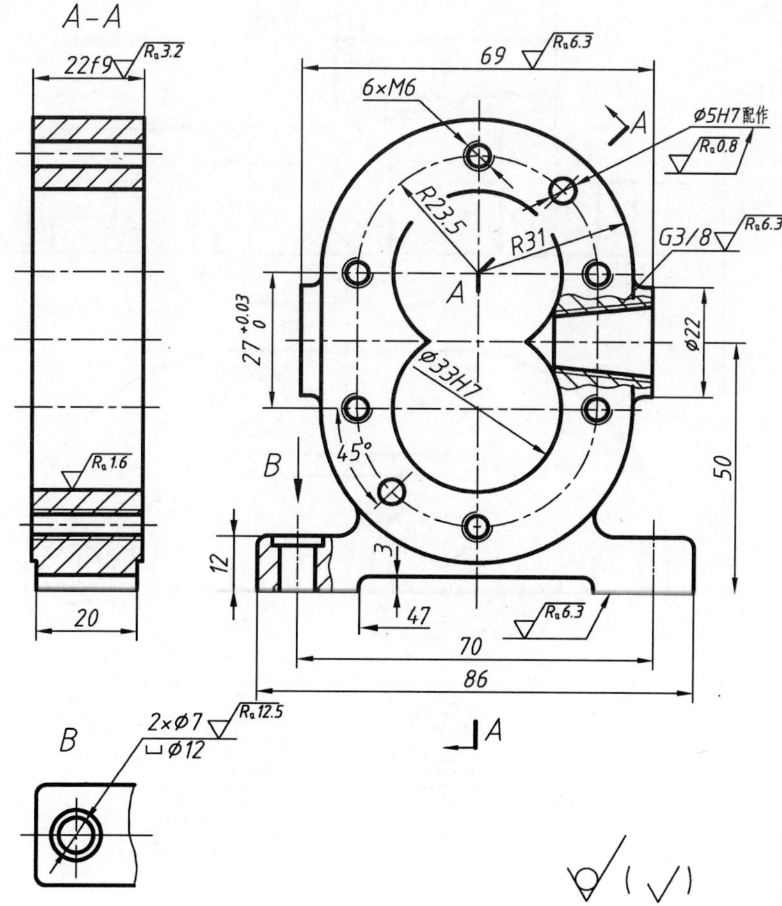

名称	材料	数量	比例
泵体	HT200	1	

m	2
z	23

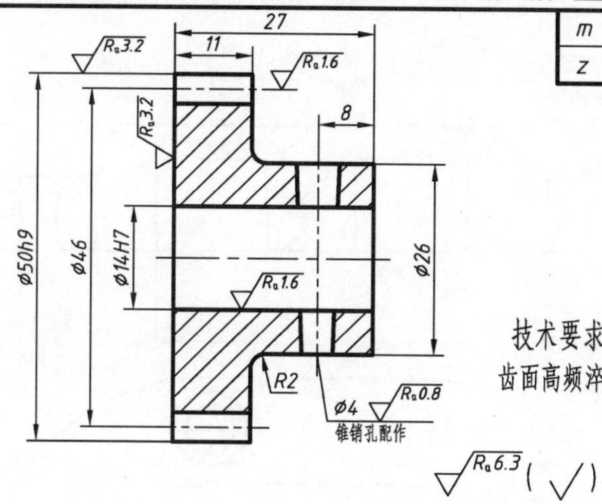

技术要求
齿面高频淬火。

名称	材料	数量	比例
传动齿轮	45	1	1:1

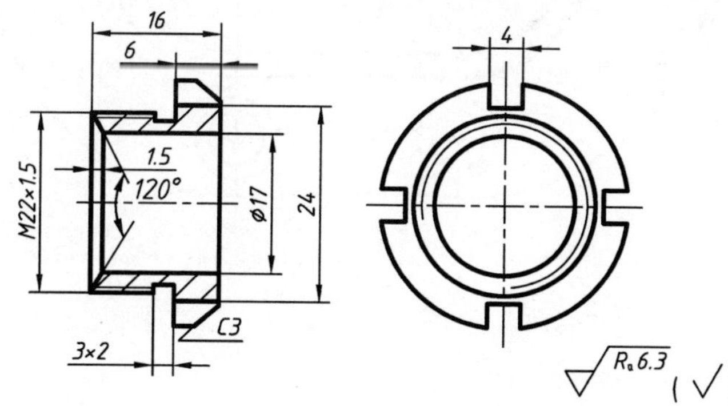

名称	材料	数量	比例
压盖螺母	35	1	1:1

班级： 姓名： 学号：

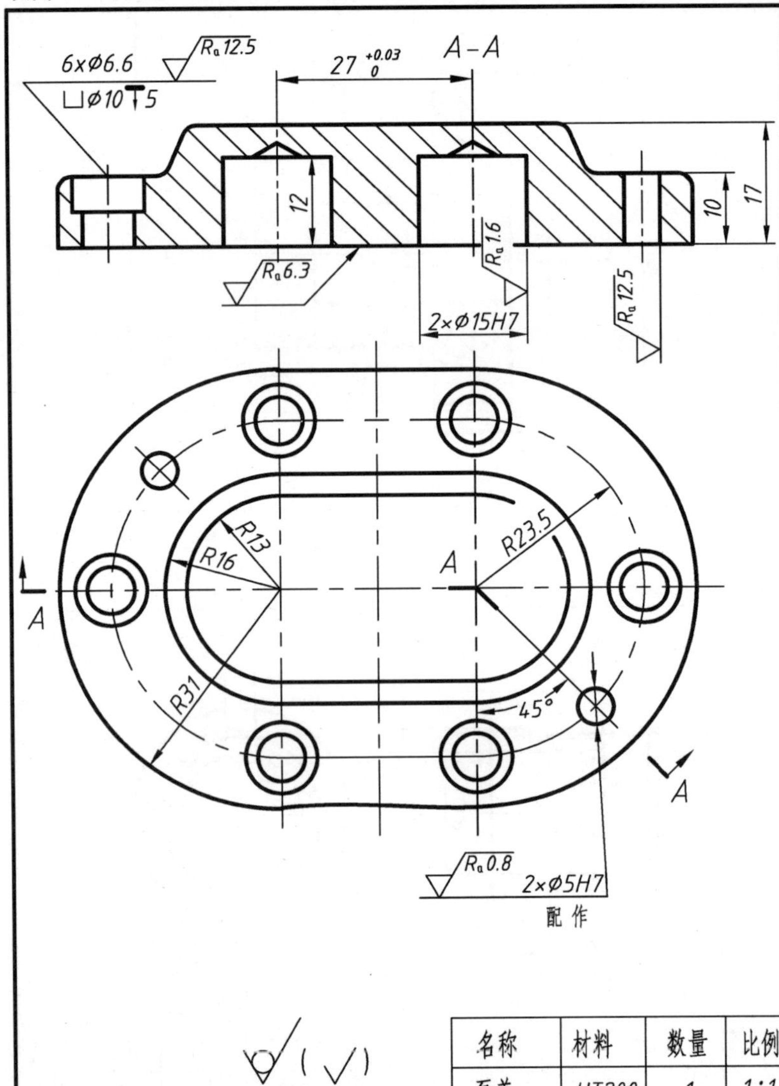

名称	材料	数量	比例
泵盖	HT200	1	1:1

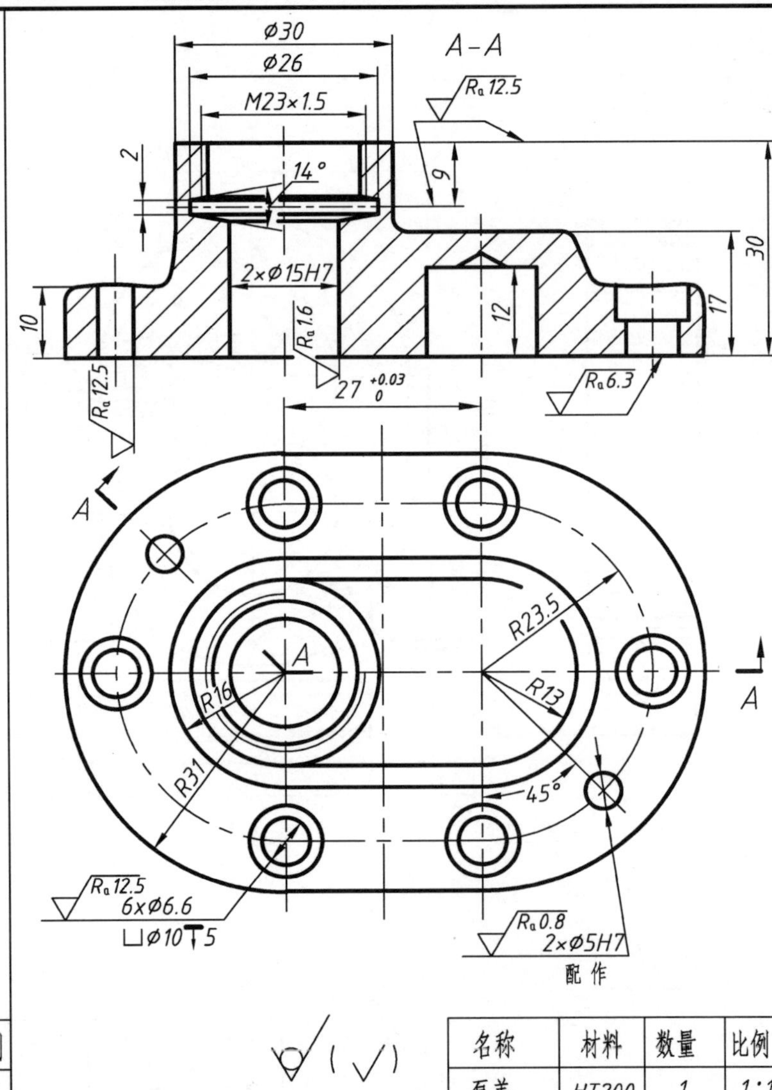

名称	材料	数量	比例
泵盖	HT200	1	1:1

班级： 姓名： 学号：

m	3
z	9

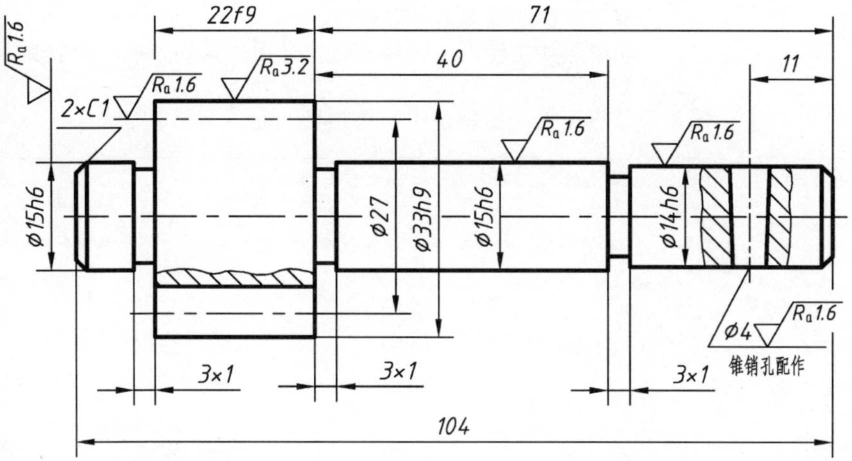

技术要求

1. 齿面高频淬火。
2. 调质220-250HBS。

$\sqrt{R_a 6.3}$ （√）

名 称	材料	数量	比例
齿轮轴	45	1	1:1

m	3
z	9

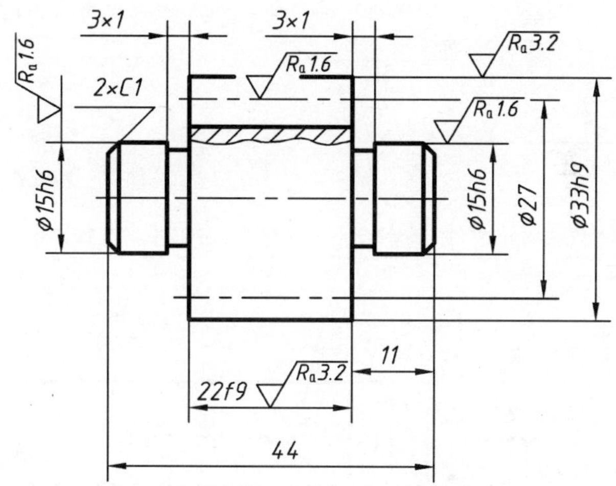

技术要求

1. 齿面高频淬火。
2. 调质220-250HBS。

$\sqrt{R_a 6.3}$ （√）

名称	材料	数量	比例
齿轮	45	1	1:1

班级：　　　　姓名：　　　　学号：

工作任务：拼绘铣刀头装配图。

任务要求：

（1）比例1∶1，图幅 A2。

（2）表达方案合理。

（3）投影正确。

（4）图线、文字、序号编制、零件明细栏格式等符合机械制图国家标准要求。

任务指导：

（1）仔细阅读装配示意图、各零件图，熟悉部件构造、零件构造。

（2）选择合理的表达方案。

（3）查表获得绘制、标注标准件的数据。

（4）合理布图，绘制各视图基准线。

（5）先绘制座体主轮廓，再绘制轴，最后由里到外依次绘制其他零件。

（6）为节省图幅，主视图中间缩短100 mm。

铣刀头装配示意图

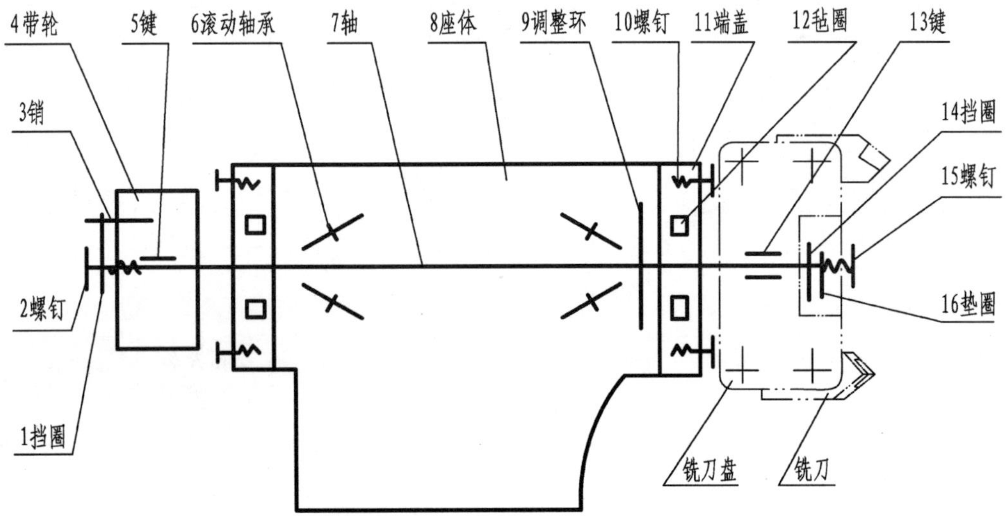

注：铣刀盘不属于该装配体，由用户自配，因此用双点画线画出，画图时参照装配示意图，用双点画线在装配图中画出。

标准件清单

序号	名称及规格	数量	标准代号
1	挡圈A35	1	GB/T 891-2000
2	螺钉M6×18	1	GB/T 68-2000
3	销A3×12	1	GB/T 119.1-2000
5	键8×40	1	GB/T 1096-1979
6	滚动轴承30307	2	GB/T 297-1994
10	螺钉M8×22	12	GB/T 70-2000
12	毡　圈	2	FJ314-1981
13	键6×20	2	GB/T 1096-1979
14	挡圈B32	2	GB/T 892-1986
15	螺栓M6×20	1	GB/T 5781-2000
16	垫圈6	1	GB/T 93-1987

　　班级：　　姓名：　　学号：

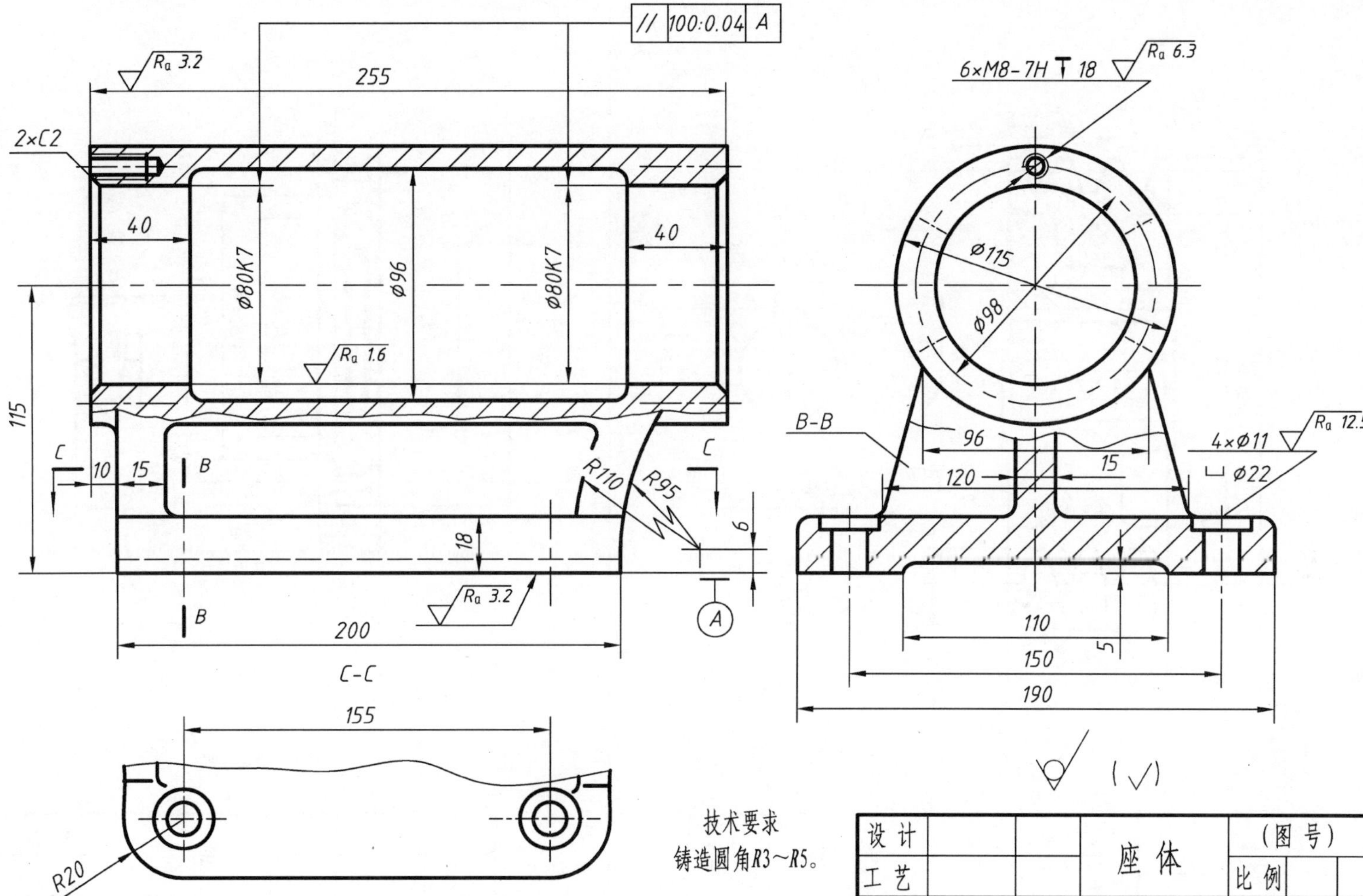

技术要求
铸造圆角R3～R5。

设 计			座 体	（图 号）	
工 艺				比 例	
审 核			HT200	（企业名）	

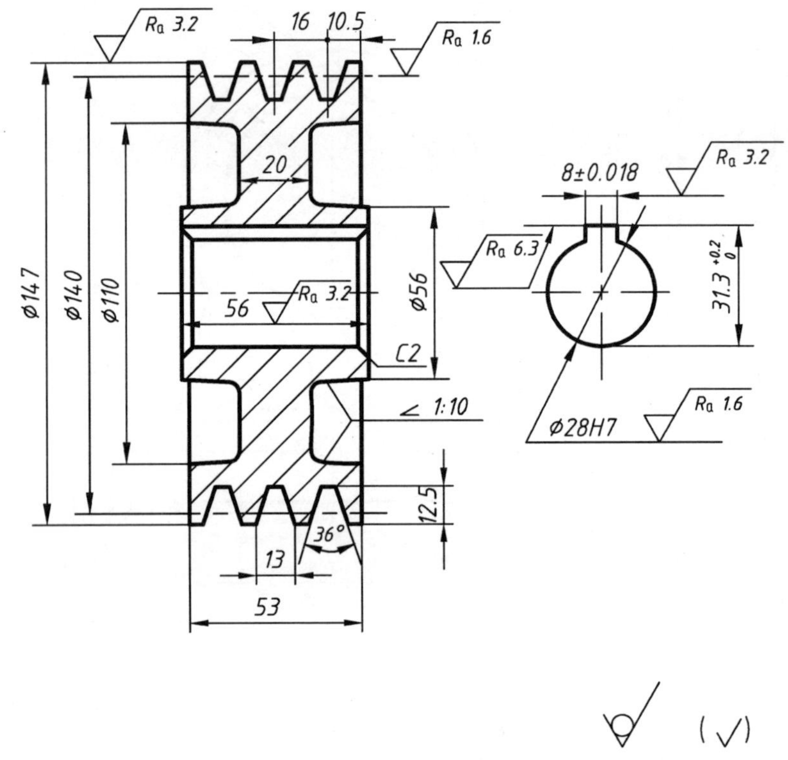

设计			带轮	（图号）	
工艺				比例	
审核			HT150	（企业名）	

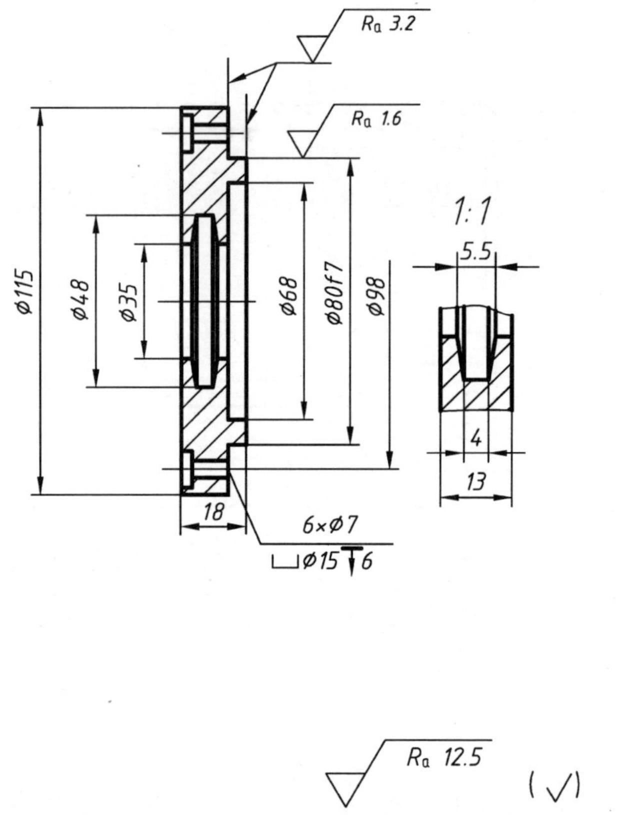

设计			端盖	（图号）	
工艺				比例	1:2
审核			HT200	（企业名）	

班级：　　　　姓名：　　　　学号：

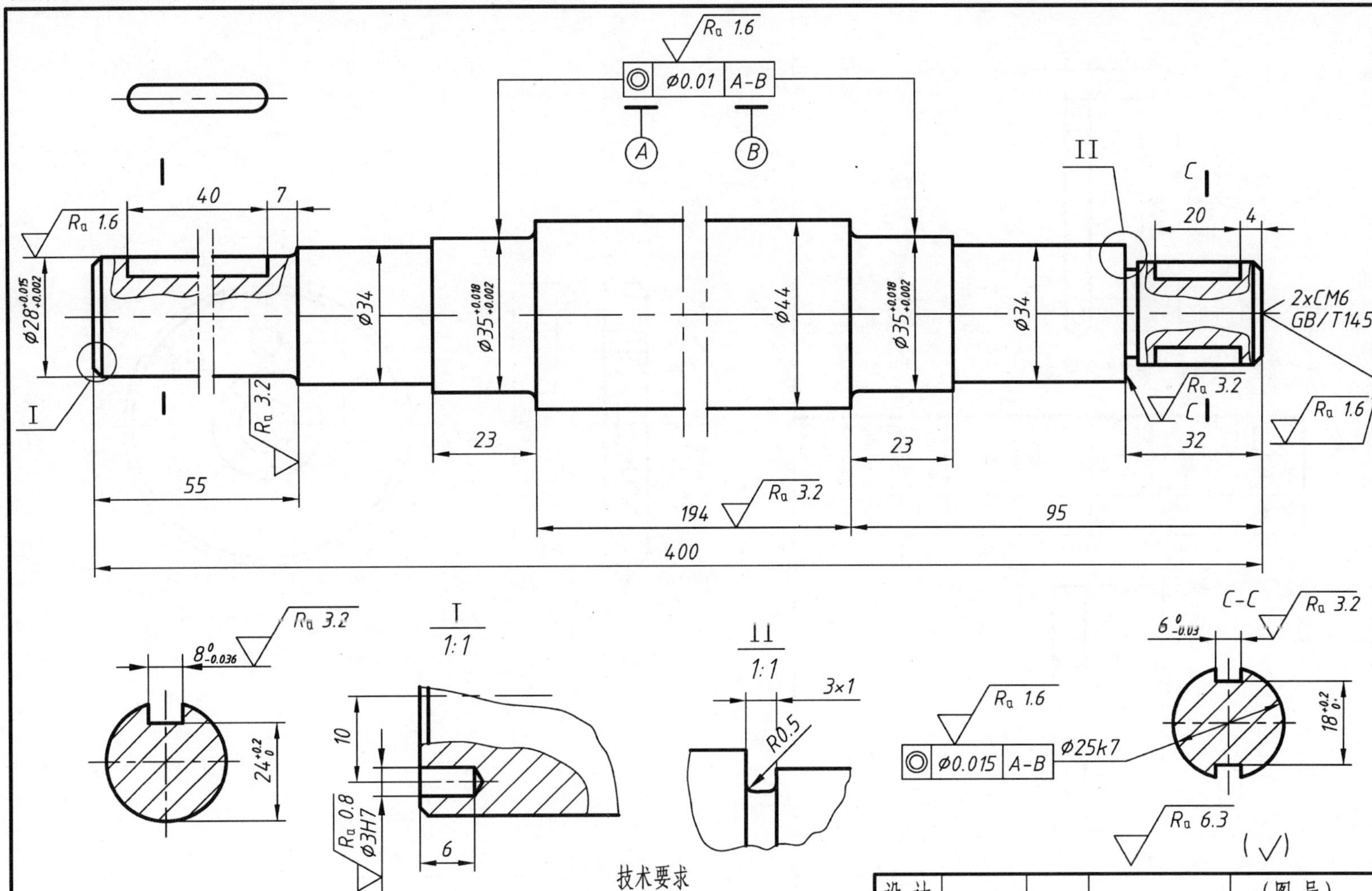

技术要求

1. 调质T230。
2. 未注倒角C1，未注圆角R1.5。

设 计			轴	（图 号）	
工 艺				比 例	
审 核			45	（企业名）	

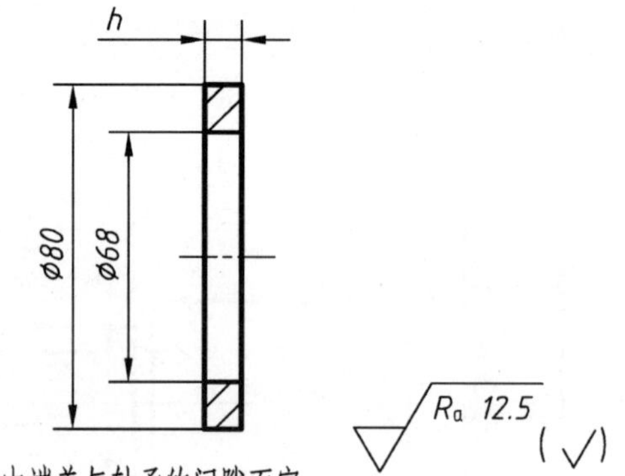

注：装配时由端盖与轴承的间隙而定。

设 计			调整环	（图 号）	
工 艺				比 例	
审 核			Q235-A	（企业名）	

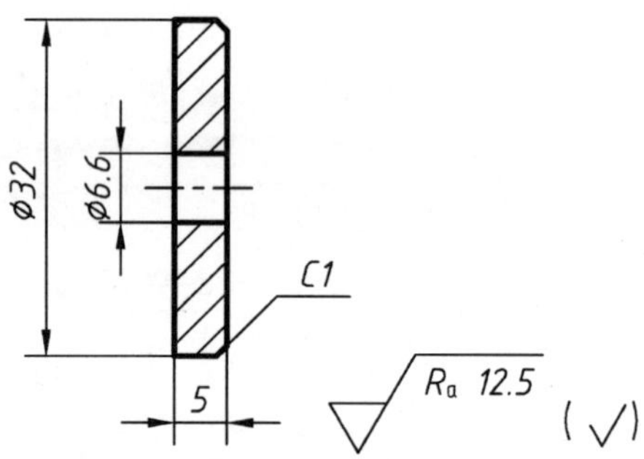

设 计			挡圈B32	（图 号）	
工 艺				比 例	
审 核			Q235-A	（企业名）	

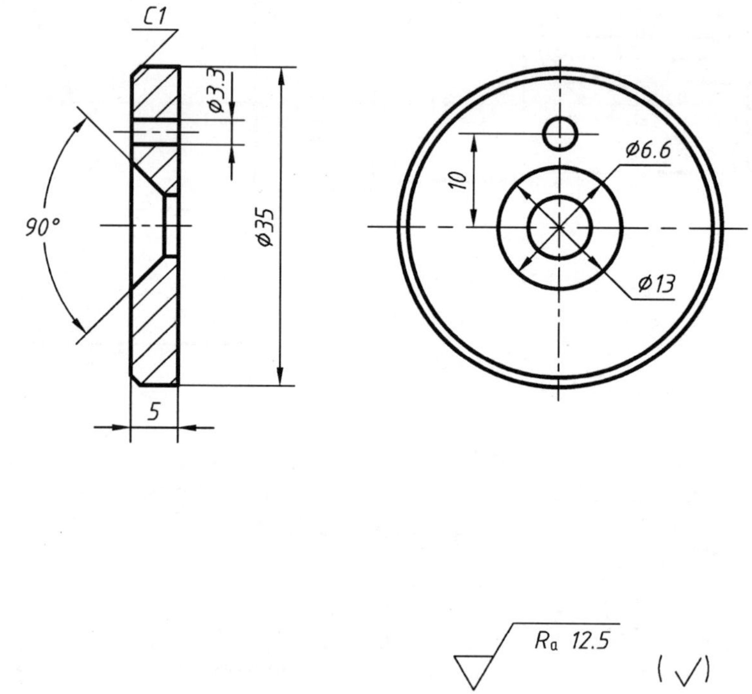

设 计			挡圈A35	（图 号）	
工 艺				比 例	
审 核			Q235-A	（企业名）	

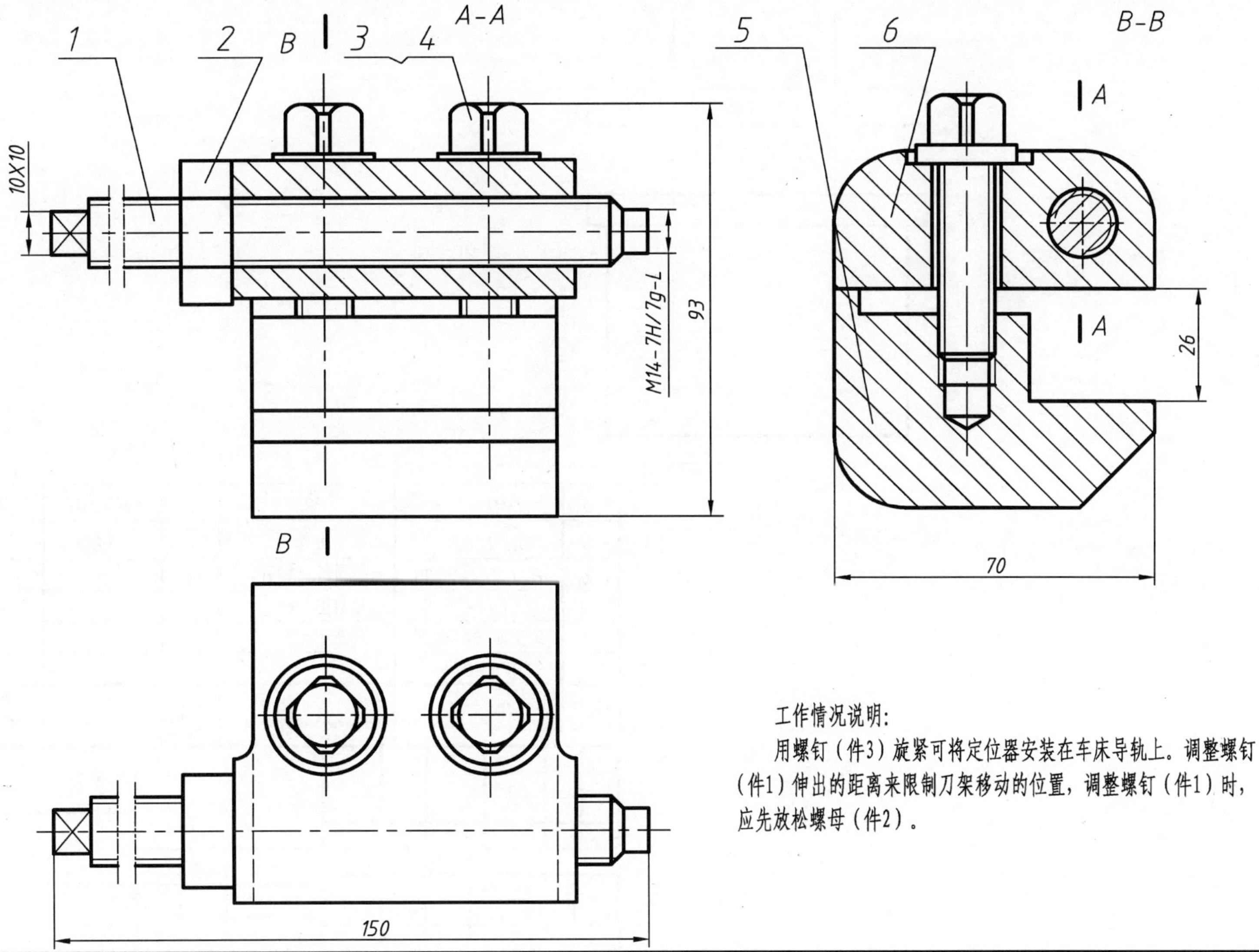

工作情况说明：

用螺钉（件3）旋紧可将定位器安装在车床导轨上。调整螺钉（件1）伸出的距离来限制刀架移动的位置，调整螺钉（件1）时，应先放松螺母（件2）。

班级： 姓名： 学号：

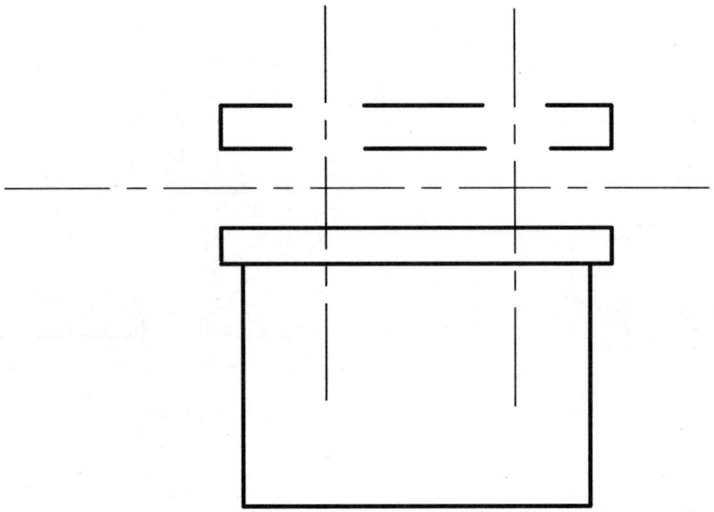

6	DWQ-03	板	1	HT150	
5	DWQ-02	座板	1	HT150	
4	GB/T 97.1-2000	垫圈12-140HV	2		
3	GB/T 821-2000	螺钉M12×50	2	35	
2	GB/T 6170-2000	螺母M14	1		
1	DWQ-01	螺钉	1	45	
序号	代　号	名 称	数量	材 料	备注

标记	处数	分区	更改文件号	签名	年月日		（企业名）
设计			标准化			阶段标记 / 重量 / 比例	定位器
审核							
工艺			批准			第　张 / 共　张	DWQ-00

　　班级：　　姓名：　　学号：

工作任务：测绘圆钻模，测绘装配图、成套自制零件图。

工作要求：
（1）比例1∶1，图幅A2。
（2）表达方案合理。
（3）投影正确。
（4）图线、文字、序号编制、零件明细栏格式等符合机械制图国家标准要求。

任务指导：
（1）仔细观察圆钻模的操作过程，在拆卸中熟悉部件构造、零件构造。
（2）绘制装配示意图，用简单图线勾勒零件轮廓特征，并按装配位置放置。
（3）按比例1:1绘制零件草图，并标注全部尺寸。
（4）结合查表确定标准件的型号、规格。
（5）在绘制装配图时选择合理的表达方案。
（6）合理布图，绘制各视图基准线。
（7）先绘制底座主轮廓，再绘制小轴，最后由里到外依次绘制其他零件。

圆钻模三维实体造型

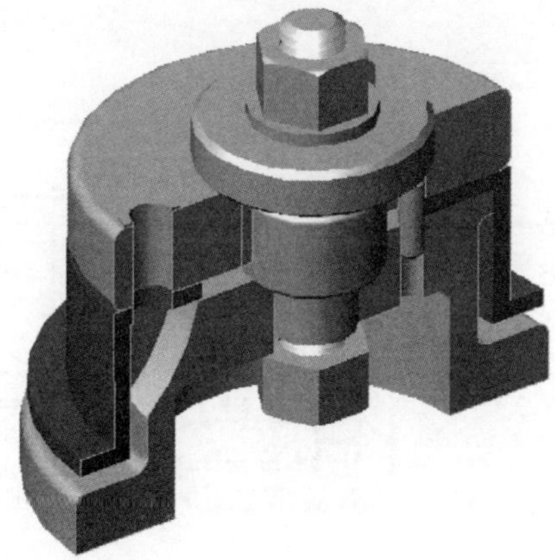

班级：　　姓名：　　学号：

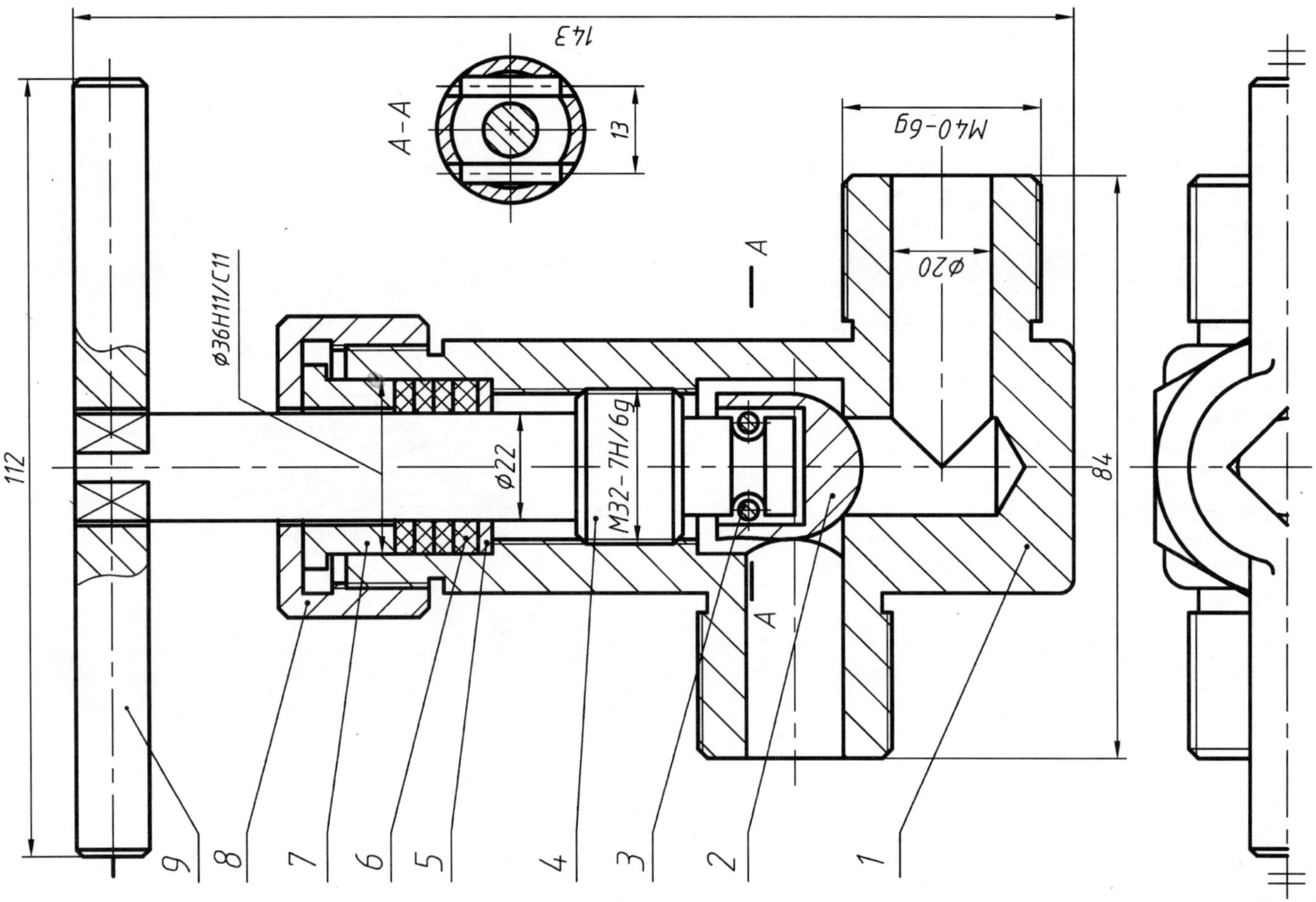
143
A-A
13
M40-6g
A
φ20
φ36H11/C11
φ22
M32-7H/6g
112
84
A
9
8
7
6
5
4
3
2
1

班级：　　姓名：　　学号：

1. 填空题：

（1）阀门共由____种零件组成，其中有___种标准件。

（2）该装配图的主视图为________剖视图，俯视图采用了________画法。

（3）ϕ36H11/c11是件____和件___的配合，是基_____制______配合，
在件_______上应标注 ϕ36H11，在件______上应标注 ϕ36c11。

（4）A-A是____________________图。

（5）螺母（件8）的外轮廓是____________形的。

2. 问答题：

（1）销(件3)在工作过程中起什么作用？

（2）压盖（件7）起什么作用？

（3）简述该部件的拆卸顺序。

3. 拆画以下零件工作图：

（1）件1(阀体)。

（2）件2(活门)。

（3）件4(阀杆)。

附：阀门的工作原理如下。

转动手柄使阀杆4升降，带动活门2打开或关闭阀口。连接活门与轴的圆柱销3，处于轴的环形槽中，当拧紧阀门时，活门不会转动。

9	FA-09	手柄	4	HT200	
8	FA-08	螺母	1	HT200	
7	FA-07	压盖	1	HT200	
6	FA-06	填料	1	石棉绳	
5	FA-05	垫圈	1	Q235-A	
4	FA-03	阀杆	1	45	
3	GB/T 119.1-2000	销 φ3x20	2	45	
2	FA-02	活门	1	45	
1	FA-01	阀体	1	HT200	
序号	代号	名称	数量	材料	备注

标记	处数	分区	更改文件号	签名	年月日				（企业名）
设计			标准化			阶段标记	重量	比例	阀门
审核									FA-00
工艺			批准			第　张	共　张		

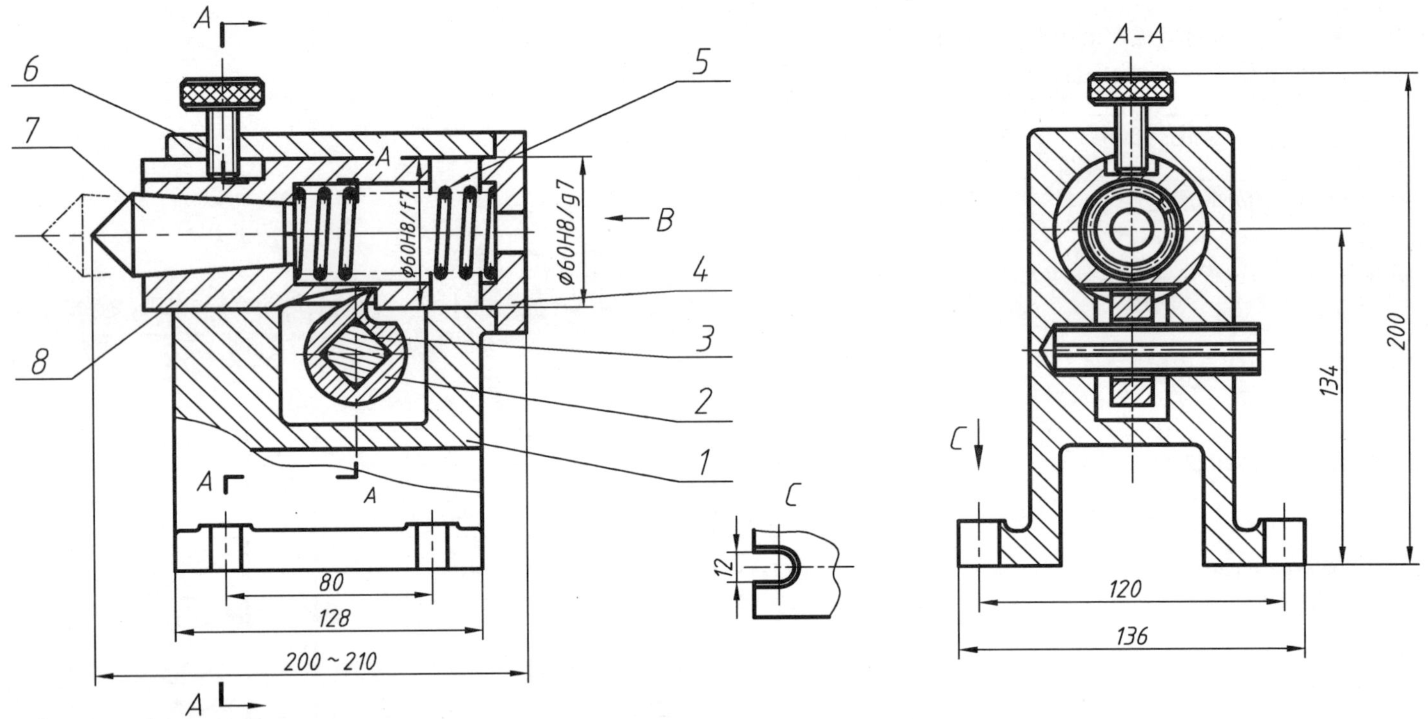

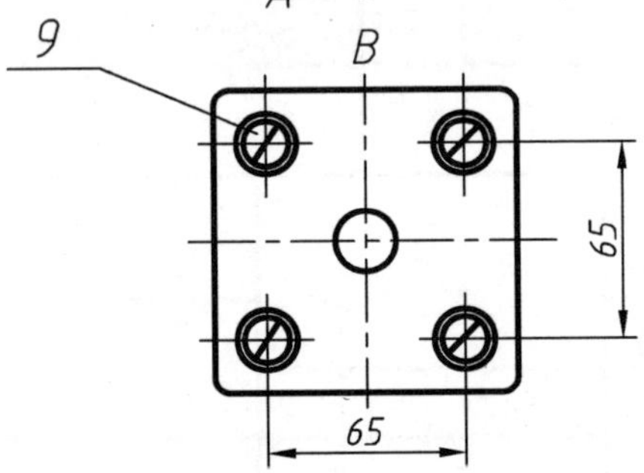

工作情况说明：

松开锁紧螺钉（件6）用扳手按顺时针方向转动方轴（件3），带动棘轮（件2）作同向旋转，从而拨动套筒（件8）作直线后退，套筒内的顶尖（件7）同时后退，使顶尖离开工件中心孔，这时就可卸下加工完毕的工件。待新工件放到规定位置时，松开扳手，靠弹簧（件5）的作用，将套筒与顶尖推回到原位（图中双点划线所示），此时顶尖又进入新工件的中心孔，最后拧紧锁紧螺钉（件6）。

班级： 姓名： 学号：

1. 填空题：

（1）尾架共由______种零件组成，其中有________种标准件。

（2）在该装配图上，主视图采用________剖切面，为_____剖视图；左视图采用___________剖切面，是_______剖视图；C向视图是_________，B向局部视图表达了件________的结构。

（3）ϕ60H8/f7是件_____和件____的配合，是基____制_____配合，在件_____上应标注 ϕ60H8，在件_____上应标注 ϕ60f7。

（4）顶尖的活动距离为________________。

（5）尾架的安装尺寸为________，________，________。

2. 问答题：

（1）件6上的滚花起什么作用？

（2）棘轮上的棘爪起什么作用？

（3）简述尾架的拆卸顺序。

3. 拆画以下零件工作图：

（1）件1（尾架体）。

（2）件2（棘轮）。

（3）件8（套筒）。

序号	代号	名称	数量	材料	备注
9	GB/T 68-2000	螺钉M6×12	4	Q235-A	
8	WJ-08	套筒	1	45	
7	WJ-07	顶尖	1	40Cr	
6	WJ-06	锁紧螺钉	1	45	
5	WJ-05	弹簧	1	65Mn	
4	WJ-04	端盖	1	Q235-A	
3	WJ-03	方轴	1	45	
2	WJ-02	棘轮	1	40Cr	
1	WJ-01	尾架体	1	HT200	

标记	处数	分区	更改文件号	签名	年月日			（企业名）
设计			标准化			阶段标记	重量 比例	尾架
审核								WJ-00
工艺			批准			第 张	共 张	

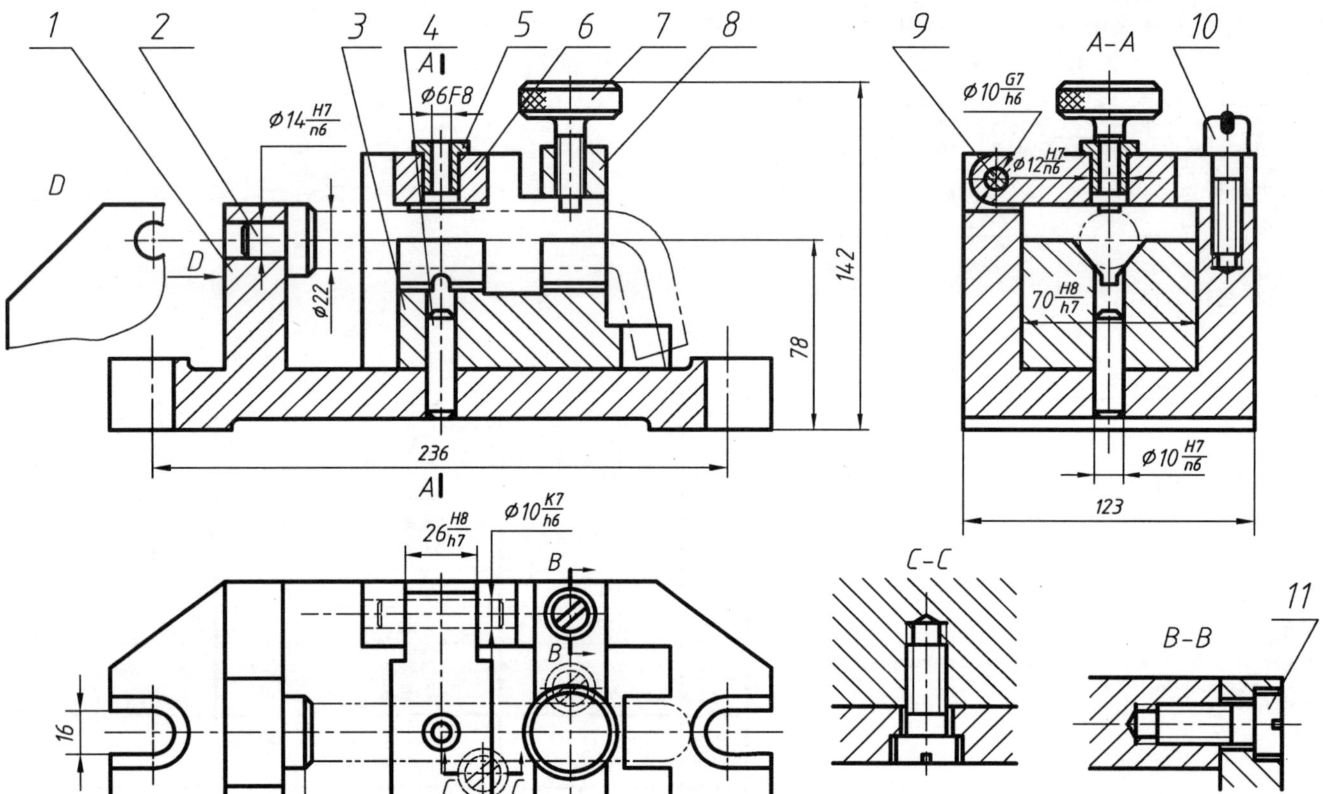

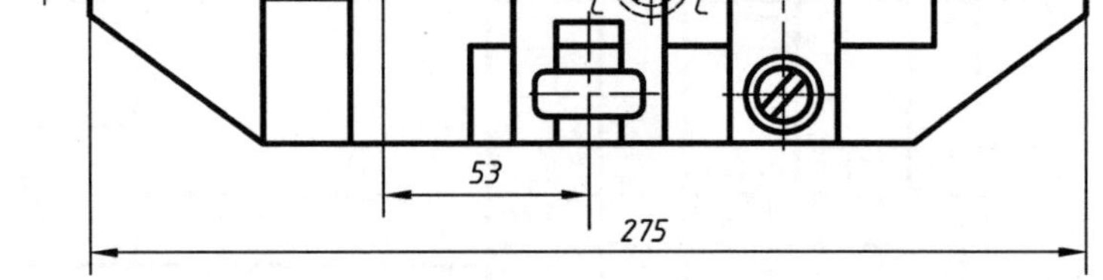

工作情况说明：

旋松压紧螺钉（件7），抓住工件向右取出，再装上待加工件，放在V形块上，向左推靠住定位支承（件2）完成定位，再拧紧压紧螺钉（件7），就可在钻套处钻孔。

班级：　　　　姓名：　　　　学号：

1. 填空题：

（1）该装配图采用了________、________、________ 等表达方法。
主视图的表达重点是______________；*B-B*视图用于表达__________；
*C-C*视图用于表达__________________________。

（2）件10的头部是____________形状，做成该形状是为了____________。

（3）件3和件1用____________、__________________来连接 。

（4）件5和件6不做成整体的原因是________________________。

（5）该装配图的性能尺寸是________________，配合尺寸有______________，
安装尺寸有____________________，总体尺寸有____________________。

2. 问答题：

（1）钻套起什么作用？

（2）简述工件的拆卸顺序。

3. 拆画以下零件工作图：

（1）件1(夹具体)。

（2）件3(V形块)。

序号	代号	名称	数量	材料	备注
11	GB/T 65-2000	螺钉M12×45	4	Q235A	
10	ZM-09	螺钉	1	Q235A	
9	ZM-08	销轴	1	35	
8	ZM-07	支承板	1	45	
7	ZM-06	压紧螺钉	1	Q235A	
6	ZM-05	转动模板	1	45	
5	ZM-04	钻套	1	20	
4	GB/T 119.1-2000	销12 m6×60	1	35	
3	ZM-03	V形块	1	HT200	
2	ZM-02	定位支承	1	45	
1	ZM-01	夹具体	1	HT200	

标记	处数	分区	更改文件号	签名	年月日				（企业名）
设计			标准化			阶段标记	重量	比例	钻模夹具
审核									ZM-00
工艺			批准			第 张	共 张		

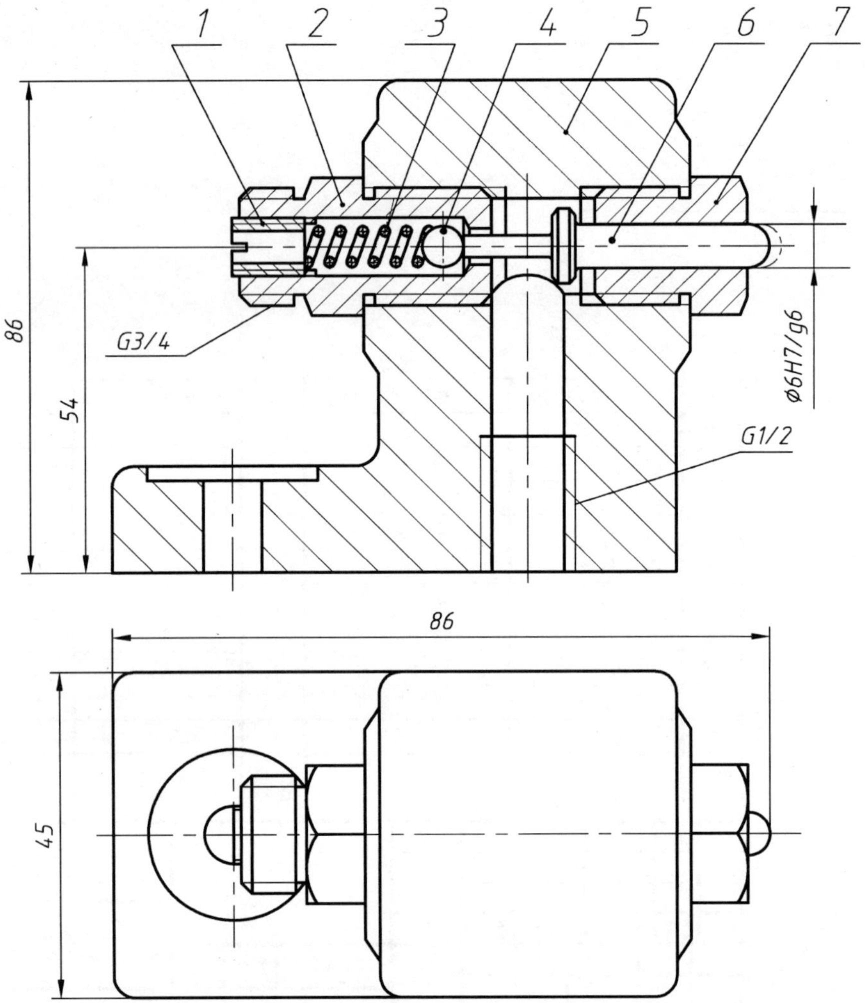

工作原理：

推动阀杆6，顶起钢球4打开或关闭阀口， 从而达到泄气。

班级： 姓名： 学号：

1. 填空题：

（1）本装配图由________个图形表达，主视图采用______剖视图，
该图中用双点画线绘制图形是__________________画法。

（2）本图的总体尺寸是_________，_______，______。尺寸
ϕ6H7/g6 属于___________尺寸，表示件________和件_____
之间的配合，是__________制________________配合。

（3）件2的材料是____________，件6的材料是__________。

（4）G1/2是_________螺纹，尺寸代号为______，单位是______。

2. 问答题：

（1）件3在装配体中起什么作用？

（2）目前状态气阀是打开的还是关闭的？在什么状态下气阀是关闭的？

3. 拆画以下零件图：

（1）件 7（阀杆套）的零件图，并且抄注相关尺寸。

（2）件 5（阀座）的零件图，并且抄注相关尺寸。

（3）件 2（阀套）的零件图，并且抄注相关尺寸。

（4）件 3（弹簧）的零件图，并且抄注相关尺寸。

（5）件 1（调节螺套）的零件图，并且抄注相关尺寸。

（6）件 6（阀杆）的零件图，并且抄注相关尺寸。

序号	代号	名称	数量	材料	备注
7	XQF-07	阀杆套	1	35	
6	XQF-06	阀杆	1	35	
5	XQF-05	阀座	1	HT200	
4	XQF-04	钢球	1	45	ϕ6外购
3	XQF-03	弹簧	1	55Si2Mn	
2	XQF-02	阀套	1	Q235	
1	XQF-01	调整螺套	1	Q235	

标记	处数	分区	更改文件号	签名	年月日		（企业名）
设计			标准化			阶段标记 重量 比例	泄气阀
审核							XQF-00
工艺			批准			第 张 共 张	

工作任务：拆画机用虎钳成套自制件零件图。

工作要求：
（1）以设计小组为单位，每小组完成一套。
（2）比例 1∶1。
（3）尺寸公差根据装配图抄注。
（4）形位公差由类比法确定。
（5）图样、标准件标记符合机械制图国家标准要求。

任务指导：
（1）读下一页的机用虎钳装配图，熟悉其功能、操作方法、零件间的装配位置关系，熟悉零件结构、各类尺寸，分析配合尺寸。
（2）分离出零件。
（3）构思零件的完整结构。
（4）从零件加工的角度重新选定表达方案。
（5）投影正确，规定画法符合机械制图国家标准要求。
（6）标注尺寸，注意装配图中已标注的尺寸直接抄注，其他尺寸在图中测量。
（7）粗糙度、形位公差、材质要求可参考同类零件图。
（8）标题栏中零件的材料牌号从装配图明细栏获得。

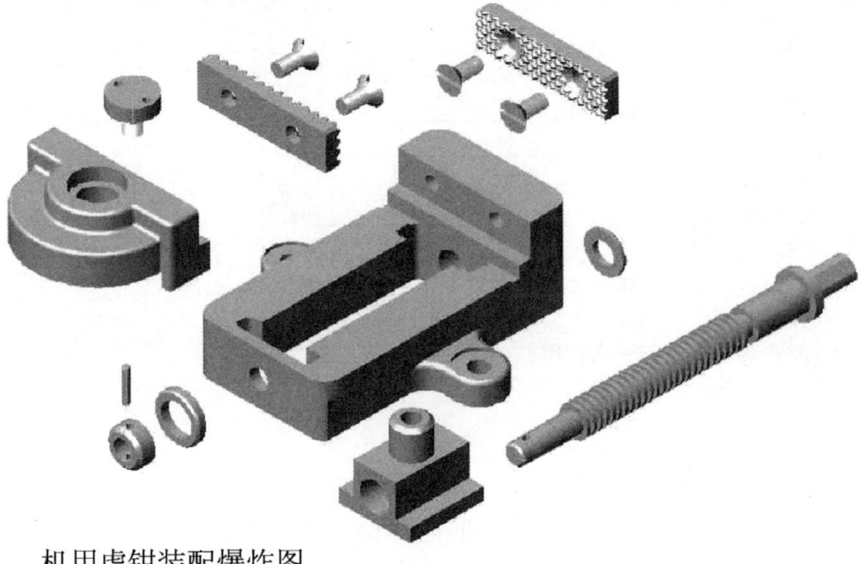

机用虎钳装配爆炸图

序号	名 称	数量	材 料	备 注
11	垫 圈	1	Q235-A	
10	螺钉M8x18	4	Q235-A	GB/T68-2000
9	螺 母	1	Q235-A	
8	螺 杆	1	Q235-A	
7	销 $\phi4\times20$	1		GB/T117-2000
6	环	1	Q235-A	
5	垫 圈	1	Q215	
4	活动钳身	1	HT150	
3	螺 钉	1	Q235-A	
2	钳口板	2	45	
1	固定钳身	1	HT150	

机 用 虎 钳	比 例	1:1	图 号
	重 量		
制 图			
审 核			

　　班级：　　姓名：　　学号：

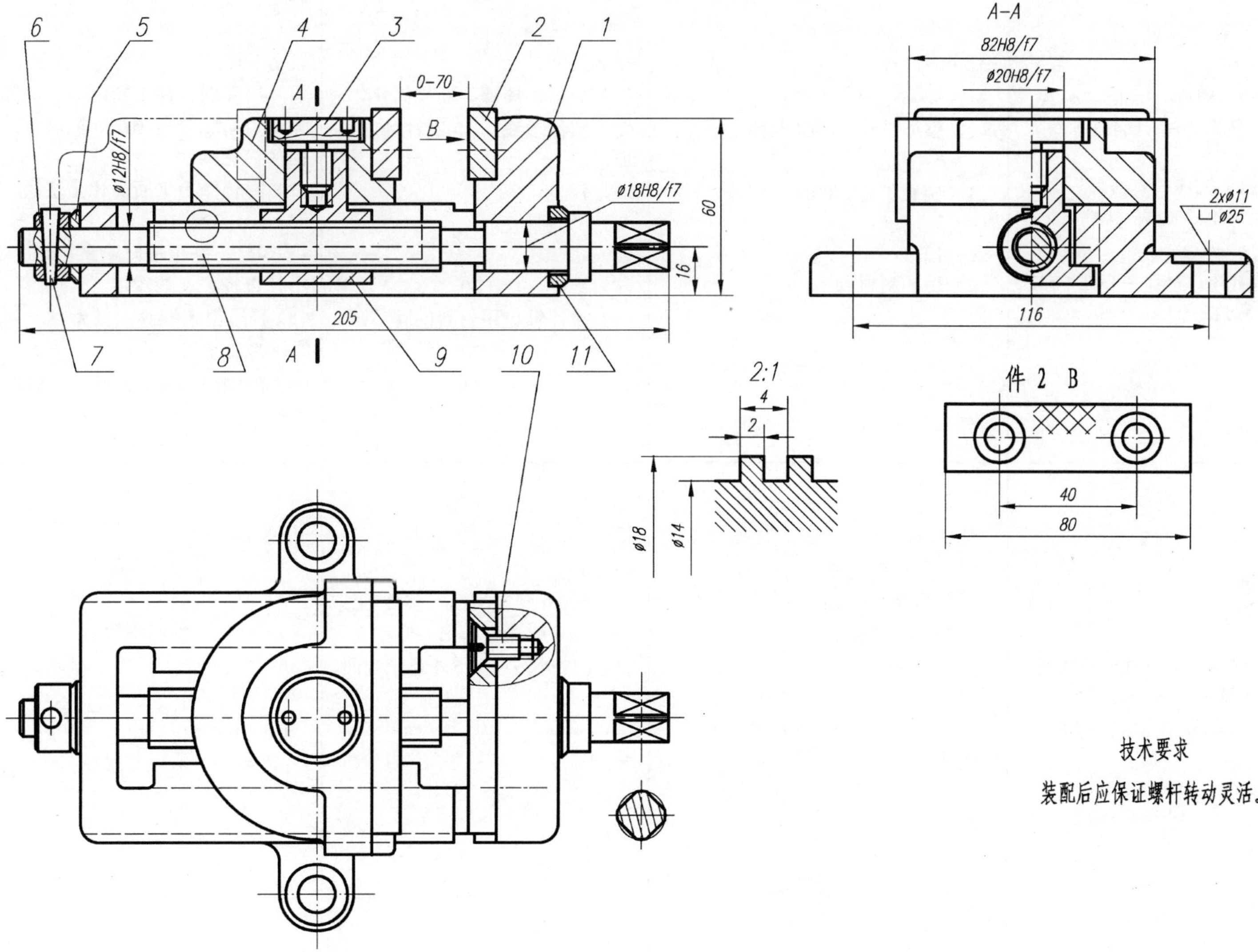

技术要求

装配后应保证螺杆转动灵活。

参考答案

任务3-10 （2）ϕ32、圆度、0.005，ϕ32、轴线、基准、A、同轴度、ϕ0.01。 （3）ϕ24、轴线、直线度、ϕ0.005，ϕ16、ϕ24、基准、A、同轴度、ϕ0. 01。 （4）内孔上、对称中心面、ϕ32、A、对称度、0.05。	任务3-11 （1）加工、局部。 （2）整体轴线、 ϕ38圆柱左端面。 （3）8、4。 （4）圆锥销孔、0.8。 （5）3、1。 （6）12。 （7）轴的材料牌号。	任务3-14 （1）加工、局部、断裂简化。 （2）整体轴线、ϕ40圆柱的右端面。 （3）8、4。 （4）ϕ30圆柱、1.6。 （5）4、2。 （6）粗牙、12、10。 （7）搅拌轴使用材料的牌号。	任务3-15 （1）局部剖、移出断面图、局部放大图、第三分角画法、回转体上平面的简化画法。 （2）回转体上平面简化画法的。 （3）16、32、16、5.5。 （4）45°、倒角轴向距离、对边距离、小孔直径、有效深度。 （5）普通粗牙螺纹大径为22、中径和顶径的公差代号。 （6）两端ϕ32、ϕ50圆柱、圆跳动、0.04。
任务4-14 （1）全、平行面。 （2）零件左端面、ϕ42内孔的轴线。 （3）垂直度、ϕ42内孔的轴线、零件左端面。 （4）4、ϕ11沉孔ϕ18 深度7。 （5）3、8、12。 （6）销孔、0.8。	任务4-15 （1）全、相交。 （2）端面圆跳动、零件左端面、ϕ130外圆的轴线。 （3）4、粗、8。 （4）3、2。 （5）80、IT8、H、+0.046、0、0.046。	任务4-16 （1）全。 （2）ϕ96外圆左端面、整体轴线。 （3）4、ϕ12深度4。 （4）ϕ62外圆和ϕ96外圆左端面、3.2。	任务4-17 （1）2、半、局部。 （2）4、56、56。 （3）45° 、轴向距离。 （4）53.900、53.710、0.190、d11、d。 （6）切削加工、μm。

 班级： 姓名： 学号：

参考答案

任务4-18

（1）全、复合面。

（2）右、$\phi90$、右。

（3）2、垂直度、同轴度、$\phi16$内孔的轴线。

（4）3、5、13。

（5）6、$\phi12$深度6。

任务4-20

（1）全剖。

（2）+0.160、0、0.160。

（3）$\phi50$的右端面、$\phi35$内孔轴线、垂直度、0.05。

（4）图上所指的x面、1.6。

（5）$\phi50$的右端面、整体轴线。

（6）普通细牙螺纹、大径36、螺距2、右旋。

任务4-21

（1）相交。

（2）右、右端面。

（3）2、垂直、平行、右端面、上方$\phi16$内孔的轴线。

（4）2、$\phi5$、6、$\phi10$、深度5。

（5）16.018、H7。

任务5-11

（1）4、全、半、局部、局部。

（2）细、27、1.5。

（3）尺寸80×80。

（4）3、约2.1。

任务5-14

（1）4、局部、全。

（2）4、$\phi11$。

（3）4、$\phi11$。

（4）2、42。

任务5-12

（1）3、全。

（2）梯形、12、2、单。

（3）4、$\phi60$。

（4）2、$\phi22$。

（5）16、IT8、H、+0.027、0、0.027。

任务5-13

（1）3、对称结构的简化画法。

（2）非螺纹密封的管螺纹，尺寸代号$1\frac{1}{2}$。

（3）4、16、$\phi104$。

（4）零件上端面相对于$\phi70$内孔轴线的垂直度公差为0.01。

任务5-16

（1）3、局部、全、局部。

（2）普通、非螺纹密封的圆柱管螺纹、尺寸代号。

（3）2、41、10、加工。

（4）22、IT8、H、+0.033、0、0.033。

任务5-17

（1）2、局部、全、相交。

（2）螺纹退刀槽宽度为2，槽底直径为$\phi83$。

（3）$\phi15$内孔的轴线相对于$\phi18$内孔轴线的垂直度公差为$\phi0.015$。

参考答案

任务6-15

（1）2、全、平行面。

（2）45°、倒角的轴向距离、 圆柱孔ϕ6.6，孔口90°倒角，倒角口直径ϕ13。

（3）零件的材料牌号。

（4）16、16.018、16、0.018。

任务6-16

（1）5、斜、局部。

（2）2、2、8、6。

（3）三角、L。

（4）16.043、16、0.043。

任务6-17

（1）4、局部、局部。

（2）2、8、1.25。

（3）方形槽。

（4）垂直度、ϕ35内孔的轴线、零件顶面。

任务6-18

（1）局部剖视图、移出断面图、局部视图等。

（2）粗、12、1.75。

（3）45°、轴向距离。

（4）20、IT7、H、0.021。

任务6-20

（1）主视图、左视图、局部视图、移出断面图。

（2）退拔、4、5。

（3）普通、大经、中径和顶径的公差代号。

（4）垂直度、零件右下方台阶的右端面、该台阶的上端面。

任务6-21

（1）全、局部、重合断面图。

（2）细、10、1、右。

（3）尺寸38的两侧面的对称中心面相对于ϕ19孔的轴线的垂直度公差为0.05。

（4）38、H11、IT11、H、0.16。

任务6-22

（1）基本视图、全剖、重合断面图。

（2）右边ϕ15孔的轴线、宽度方向的对称中心面、底面。

（3）加工。

（4）15、H7、IT7、H、0.018。

（5）此锥销孔待装配时其它零件装配到位后再加工。

任务9-2

（1）滚动轴承 6304 GB/T 276-1994

（2）滚动轴承 6305 GB/T 276-1994

（3）键 8×20 GB/T 1096－2003

（4）销 5 m6×30 GB/T 119.1－2000

任务13-1

1. 填空题

（1）9、1。

（2）全、对称结构的简化画法。

（3）1、7、孔、间隙、1、7。

（4）全剖视。

（5）六棱柱。

2. 问答题

（1）连接件2和件4。

（2）压紧件6，实现可靠密封。

（3）9、8、7、6、5、4、1、3、2。

任务13-2

1. 填空题

（1）9、1。

（2）单一平面、局部、平行、全、局部视图、4。

（3）1、8、孔、间隙、1、8。

（4）10。

（5）120，12，80。

2. 问答题

（1）增加拧动时的摩擦力。

（2）转到件3时带动件7、8向右移动，起到顶针松开的作用。

（3）6、3、2、9、4、5、1、7、8。

任务13-3

1. 填空题

（1）全剖视图、局部视图、假想画法、钻模夹具的工作原理和整体形象、件1－8－11的连接、件1－3－11的连接。

（2）矩形块、方便装拆。

（3）件4、件11。

（4）可更换件5。

（5）ϕ22，ϕ14H7/n6、ϕ10K7/h6、ϕ12H7/h6、70H8/h7等，236、16，275、123、142。

2. 问答题

（1）在件5磨损后可更换，保护件6。

（2）旋松件7，向右取出工件。

班级：　　　　姓名：　　　　学号：

1. 填空题

（1） 2、全、假想。

（2） 86、45、86、配合、6、7、基孔、间隙。

（3） Q235、35。

（4）非螺纹密封的管、1/2、英寸。

2. 问答题

（1）件3有两个作用，第一利用弹簧的势能调节管路中气流的压力；第二利用它的弹性力使件4钢球有靠住件6阀杆左端的力。

（2）目前气阀是打开的。当去除阀杆上的外力时，弹簧的势能把钢球和阀杆推向右边，钢球就堵住了件2阀套的管口，气阀关闭。

3.（1）拆画件7（阀杆套）零件图，抄注相关尺寸。

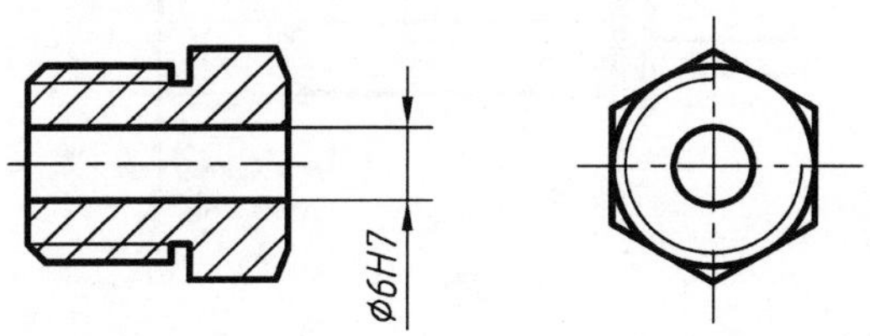

设 计			阀杆套	（图 号）	
工 艺				比 例	1:1
审 核			35	（企业名）	

3.（2）拆画件5（阀座）零件图，抄注相关尺寸。

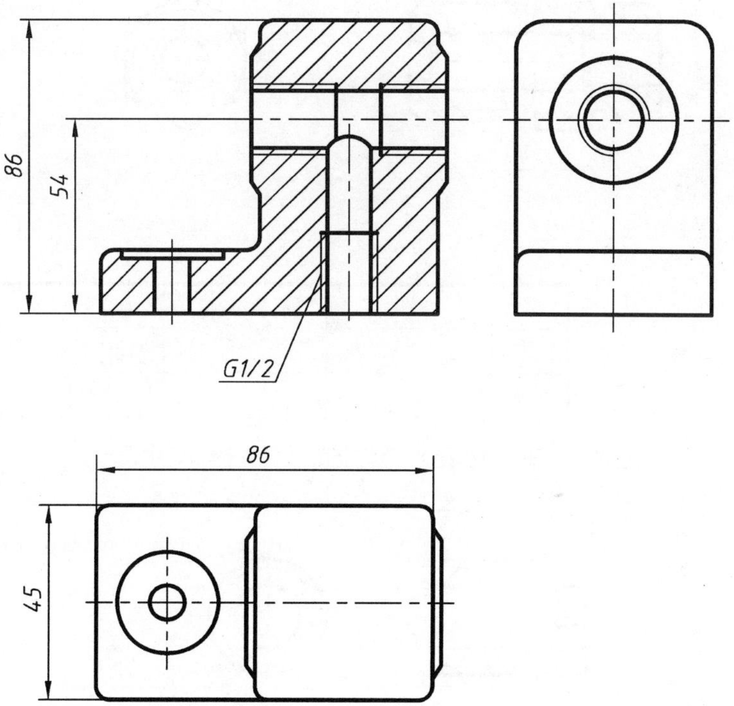

设 计			阀 座	（图 号）	
工 艺				比 例	1:1
审 核			HT200	（企业名）	

3.（3）拆画件2（阀套）零件图，抄注相关尺寸。

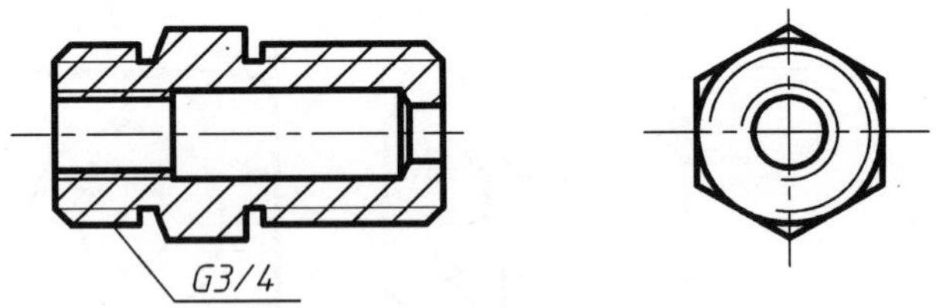

设计			阀套	（图号）	
工艺				比例	1:1
审核			Q235	（企业名）	

3.（4）拆画件3（弹簧）零件图，抄注相关尺寸。

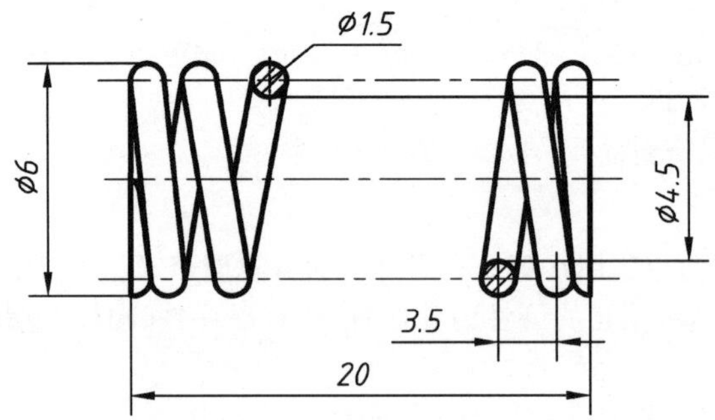

设计			弹簧	（图号）	
工艺				比例	4:1
审核			55Si2Mn	（企业名）	

3.（5）拆画件1（调节螺套）零件图，抄注相关尺寸。

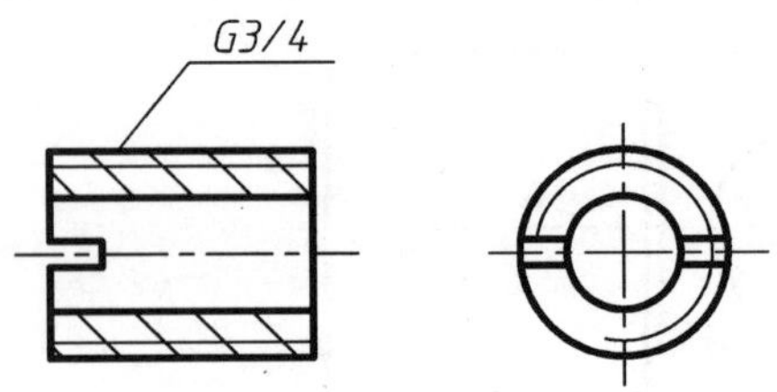

设计			调节螺套	（图号）	
工艺				比例	2:1
审核			Q235	（企业名）	

3.（6）拆画件6（阀杆）零件图，抄注相关尺寸。

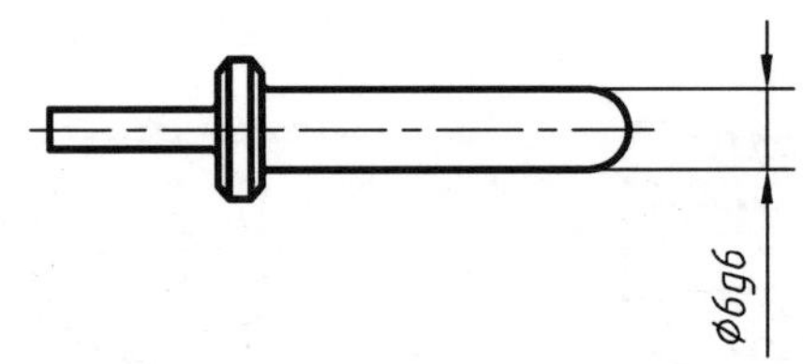

设计			阀杆	（图号）	
工艺				比例	1:1
审核			35	（企业名）	

读者意见反馈表

书名：机械制图习题集　　　　编著：姚民雄　华红芳　　　　责任编辑：陈健德

谢谢您关注本书！烦请填写该表。您的意见对我们出版优秀教材、服务教学，十分重要。如果您认为本书有助于您的教学工作，请您认真地填写表格并寄回。**我们将定期给您发送我社相关教材的出版资讯或目录，或者寄送相关样书。**

个人资料

姓名＿＿＿＿＿年龄＿＿＿联系电话＿＿＿＿＿＿（办）＿＿＿＿＿＿（宅）＿＿＿＿＿＿（手机）

学校＿＿＿＿＿＿＿＿＿＿＿＿＿＿专业＿＿＿＿＿＿职称/职务＿＿＿＿＿＿＿＿

通信地址＿＿＿＿＿＿＿＿＿＿＿＿＿邮编＿＿＿＿＿E-mail＿＿＿＿＿＿＿＿＿＿

您校开设课程的情况为：

本校是否开设相关专业的课程　□是，课程名称为＿＿＿＿＿＿＿＿＿　□否　　您所讲授的课程是＿＿＿＿＿＿＿＿＿＿课时＿＿＿＿

所用教材＿＿＿＿＿＿＿＿＿＿＿＿＿出版单位＿＿＿＿＿＿＿＿＿印刷册数＿＿＿

本书可否作为您校的教材？

□是，会用于＿＿＿＿＿＿＿＿＿＿＿＿课程教学　　□否

影响您选定教材的因素（可复选）：

□内容　□作者　□封面设计　□教材页码　□价格　□出版社　□是否获奖　□上级要求　□广告　□其他＿＿＿＿＿＿＿＿

您对本书质量满意的方面有（可复选）：

□内容　□封面设计　□价格　□版式设计　□其他＿＿＿＿＿＿＿

您希望本书在哪些方面加以改进？

□内容　□篇幅结构　□封面设计　□增加配套教材　□价格

可详细填写：＿＿＿＿＿＿＿＿＿＿＿＿＿＿＿＿＿＿＿＿＿＿＿＿＿＿＿＿＿＿＿＿

您还希望得到哪些专业方向教材的出版信息？

＿＿＿＿＿＿＿＿＿＿＿＿＿＿＿＿＿＿＿＿＿＿＿＿＿＿＿＿＿＿＿＿＿＿＿＿＿＿＿

谢谢您的配合，请将该反馈表寄至以下地址。如果需要了解更详细的信息或有著作计划，请与我们直接联系。

通信地址：北京市万寿路173信箱　高等职业教育分社　**邮编：**100036

http://www.hxedu.com.cn　E-mail:baiyu@phei.com.cn　**电话：**010-88254563

反侵权盗版声明